中央高校基本科研业务费专项资金资助项目
Fundamental Research Funds for the Central Universities

美国环境正义运动研究

MEIGUO HUANJING ZHENGYI YUNDONG YANJIU

赵岚⊙著

知识产权出版社
全国百佳图书出版单位

图书在版编目（CIP）数据

美国环境正义运动研究/赵岚著. —北京：知识产权出版社，2018.6
ISBN 978 - 7 - 5130 - 5606 - 9

Ⅰ. ①美… Ⅱ. ①赵… Ⅲ. ①环境保护—研究—美国 Ⅳ. ①X - 171.2

中国版本图书馆 CIP 数据核字（2018）第 115717 号

责任编辑：贺小霞   责任校对：潘凤越

封面设计：刘 伟   责任印制：孙婷婷

美国环境正义运动研究

赵 岚 著

出版发行：	知识产权出版社 有限责任公司	网 址：	http：//www.ipph.cn
社 址：	北京市海淀区气象路 50 号院	邮 编：	100081
责编电话：	010 - 82000860 转 8129	责编邮箱：	2006HeXiaoXia@ sina.com
发行电话：	010 - 82000860 转 8101/8102	发行传真：	010 - 82000893/82005070/82000270
印 刷：	北京虎彩文化传播有限公司	经 销：	各大网上书店、新华书店及相关专业书店
开 本：	720mm×1000mm 1/16	印 张：	11
版 次：	2018 年 6 月第 1 版	印 次：	2018 年 6 月第 1 次印刷
字 数：	170 千字	定 价：	48.00 元

ISBN 978 -7 -5130 -5606 -9

前　言

　　20 世纪 80～90 年代美国的环境正义运动脱胎于 20 世纪 60 年代的民权运动，它以基于孤立事件的社区反毒运动开始，发展为以少数族裔和低收入群体为主体，反对"环境恶"在不同人群之间的不平等分配，促进不同人群平等享有"环境善"，继而维护整个生态环境健康的社会运动。在这个过程中，"环境"的概念得到扩展，在主流环保运动关注的山川、河流、野生动物和全球生态系统基础上，增加了社区生活环境，即工业化、城市化背景下人们真正生活在其中的人造环境。环境歧视、环境公平和环境正义的概念也相继出现，经过短时间的互换使用后，其间的区别逐渐显现。环境歧视是态度，环境公平是结果，环境正义则兼顾过程和结果，要求政府的环境决策要公开、透明，保证弱势群体的参与。在此基础上，通过善待自然生态，调整发展模式，减少环境恶的产生，最终达成每个人平等享有健康、有益的生活环境的目标。

　　一般认为，美国环境思想的演变大致经历了资源与荒野保护运动、现代环保运动和环境正义运动三个阶段，其中发生两次转变：从保护自然以更好地将其利用转变为将自然看作与人类平等的一员，尊重其本身的价值；从人与自然的关系转变为人与人之间的关系。值得注意的是，环境正义运动拓宽了现代环保运动的视野，但并未完全取代现代环保运动，而是与其并行发展。最初，环境正义运动分别与现代环保运动和民权运动都有相抵触的地方，但是随着环境和环境正义概念的扩展，这三个运动一步一步从冲突走向融合，最终在促进环境问题的公平与正义方面发挥了合力。

　　由于环境正义问题的受害群体多表现为少数族裔，环境正义运动最初反对的是环境种族主义，相关研究也多从种族入手。种族与环境的关系成为美国环境正义研究的主流分析框架。然而，在仔细审视几项代表性研究之后，不难发现，这些研究揭示的仅是种族与有毒废弃物之间的相关性，该相关性并不意味着两者之间存在因果关系，更不能排除影响有毒废弃物设施分布的其他因素。另外，这些研究都是横向研究，即只研究某个时间点种族与有毒废弃物之间的关系，而不关注两者之间的关系是否随时间变化而变化，因此不能回答"种族与有毒废弃物，哪个先来"的问题。美国政府和社会在一定程度上误读了种族与有毒废弃物设施分布的关系，将相关性认为是因果关系。政府基于此分析框架所采取的政策措施的效果非常有限，受害群体在此理论指导下进行的环境正义法律诉讼也往往遭遇失败，这从另一个侧面证明，种族或许不是决定有毒废弃物设施分布的主要原因，至少种族不是唯一的原因。

在质疑美国环境正义问题主流分析框架的同时，本书尝试提出种族、阶层、地区差异等因素综合起作用的理论。除了美国社会根深蒂固的种族歧视之外，环境正义问题受害群体政治力量较弱、社会经济地位较低的阶层属性或许是美国环境不正义事实形成的更为根本的原因。里根政府时期盛行于美国的成本效益分析理论和自由市场理论都以经济效益为中心，依赖市场决定资源配置，平等也往往被给予每一个美元，而不是每一个人。在这种资本逻辑下，环境正义受害群体显然主要是因为其社会经济地位低下而承受了与其人口不成比例的环境负担。同时，他们较弱的政治力量使得联邦层面环境正义立法屡屡失败，在环境决策过程中他们也往往参与不足，这反过来又进一步削弱了他们的政治力量。另外，美国联邦政府将大量环境管制职能下放到州，而美国各州、各地区之间存在着很大的差异性。各州的党派属性、政府的治理能力、当地的经济发展模式选择、针对企业的政策态度等都会影响到环境。因此，在种族、阶层之外，地区差异也是美国环境利益和环境负担分配的决定因素之一。

目　录

第一章　绪　论 ……………………………………………………… 1

第一节　问题的缘起、研究意义及创新性 ………………………… 2

一、问题的缘起 …………………………………………………… 2

二、本研究的意义 ………………………………………………… 3

三、本研究的创新性 ……………………………………………… 4

第二节　国内外研究综述 ………………………………………… 5

一、国外研究综述 ………………………………………………… 5

二、国内研究综述 ………………………………………………… 13

第三节　核心问题和相关概念 …………………………………… 16

一、核心问题 ……………………………………………………… 16

二、相关基本概念 ………………………………………………… 16

第四节　本书的理论框架、研究方法及基本思路 ……………… 26

一、理论框架 ……………………………………………………… 26

二、研究方法及基本思路 ………………………………………… 30

小　结 ……………………………………………………………… 31

第二章　美国环境正义运动的渊源和历史发展 ………………… 32

第一节　美国环保思想的第一次转变：从利用自然到尊重自然 …… 32

一、资源与荒野保护运动 ………………………………………… 33

二、美国现代环保主义运动 ……………………………………… 37

第二节　美国环保思想的第二次转变：从人与自然的关系转向

人与人的关系 …………………………………………… 43

一、进步主义时期的城市环境问题 ………… 44

二、美国环境正义运动的发生与发展 ………… 47

三、环境正义运动和现代环保运动、民权运动的联系与区别 ……… 52

第三节　环境正义运动中政府与社会的互动 ………… 56

一、里根政府的新联邦主义 ………… 56

二、克林顿时期的美国环境正义运动大发展 ………… 59

三、小布什时期美国环境正义运动的挫折 ………… 61

四、奥巴马时期美国环境正义运动的复苏 ………… 62

小　结 ………… 65

第三章　美国环境不正义的表现形式 ………… 67

第一节　不同群体在有害环境中暴露程度的不平等性 ………… 67

一、黑人与工业和化学污染 ………… 68

二、拉美裔农场工人和新移民与农药污染 ………… 71

三、印第安人与核污染 ………… 74

第二节　建成环境的不公正性 ………… 79

一、生活便利设施在不同社区的不平等分布 ………… 79

二、公平交通运动 ………… 85

第三节　政府及社会应对环境灾害的不平等性 ………… 88

一、卡特里娜飓风之后政府及社会的应对措施 ………… 89

二、政府针对环境侵害事件的执法不平等性 ………… 93

三、超级基金实施过程中的不平等性 ………… 96

小　结 ………… 99

第四章　种族还是其他：突破美国主流分析框架 ………… 101

第一节　有关种族与环境关系的研究 ………… 102

一、美国审计署的研究 ………… 102

二、基督教联合教会的研究 ………… 106

三、《有毒废弃物与种族20周年》 ………… 109

第二节　对美国主流观点的分析与质疑 ……………………… 113

　　一、相关性与因果关系 ………………………………… 114

　　二、横向研究与纵向研究 ……………………………… 116

　　三、有关研究方法的其他疑问 ………………………… 120

第三节　美国政府及受害群体的应对策略及效果评析 ……… 121

　　一、美国政府对环境正义问题的应对策略 …………… 122

　　二、政府应对策略的整体效果 ………………………… 126

　　三、受害群体的法律诉讼 ……………………………… 127

　小　结 …………………………………………………… 131

第五章　环境正义问题的影响因素分析 ……………………… 132

第一节　环境正义问题的种族因素 …………………………… 132

　　一、当代美国社会的住房歧视 ………………………… 132

　　二、环境立法和执法中的种族歧视 …………………… 135

第二节　环境正义问题的阶层因素 …………………………… 136

　　一、环境正义受害群体的政治力量 …………………… 136

　　二、环境正义受害群体的社会经济地位 ……………… 140

第二节　环境正义问题的地区差异因素 ……………………… 144

　　一、各州环境正义立法推进的差异性 ………………… 144

　　二、公司福利制度 ……………………………………… 145

　小　结 …………………………………………………… 149

第六章　总结与展望 …………………………………………… 150

　　一、总结 ………………………………………………… 150

　　二、展望 ………………………………………………… 154

参考文献 ………………………………………………………… 156

后　记 …………………………………………………………… 165

第一章　绪　论

美国环境正义运动兴起于 20 世纪 70 年代，发展于 80 年代，兴盛于 90 年代，起因是部分社区与社会群体，尤其是少数族裔和低收入群体，针对工业发展和政府的不平等政策等导致的环境伤害而做出的自然反应。20 世纪 70 年代，一些社区的居民发现自己的家人和邻居正在受到附近有毒废弃物的不良影响，这些废弃物包括垃圾填埋场、焚化炉、工业废气、废料，甚至是人们在不知情的情况下主动喷洒在自家社区的物质。最先是直接受害的人们，尤其是养育孩子的主妇，后来整个社区、社会、学术界都参与进来，迫使政府和企业都不得不重视这个问题。民间、宗教及政府组织的调查发现，有毒废弃物不成比例地集中在少数族裔或低收入群体聚居的地方，环境种族主义、环境歧视等概念迅速进入公众视野，环境公平和环境正义成为现代社会中人们所追求的自由、平等的一个组成部分。

美国环境正义运动是少数族裔及低收入群体追求平等的环境权益的一场社会运动。该运动的兴起，是美国民权运动和环境保护运动相结合的产物，是对社会不平等现象的政治回应。该运动标志着环境保护运动进入了一个新的发展阶段，即环境保护运动转向关注不同群体在环境保护实践中存在权利和义务的不对等所引起的"环境不公"问题。

至此，环境问题不再是我们该如何对待自然，而是在环境问题面前，我们该如何对待彼此？如何才能做到公平与正义？如何尽量减少人们之间因不平等关系而导致的不平等环境影响？如何实现环境责任和生态利益的合理分担和分配？

因此，本书将系统梳理美国环境正义运动的兴起背景、发展演进与现状，分析环境不正义的形成机制与表现，选取代表美国环境正义主流观点的研究，对其进行深入剖析，观察环境正义运动对美国政府环保管理体制所产生的影响等，期望能够在此基础上探讨何为环境正义、其影响因素是什么、环境正义如何成为可能。

第一节　问题的缘起、研究意义及创新性

美国环境思想的发展历经了资源与荒野保护运动、现代环保运动和环境正义运动三个阶段。环境正义的问题正是在环境思想发展的特定阶段产生的，它融合了环保主义和民权运动的理念，将平等的概念应用于环境领域，从而使环境问题这个偏向自然科学的问题发生了社会与文化转向。对美国环境正义运动的研究有助于更加全面、深入地理解美国，对全球化浪潮下的生态帝国主义以及我国经济发展中所出现的环境破坏及环境分配问题都有一定的借鉴意义。本书在全面理解美国环境正义运动的基础上，尝试分析决定美国环境分配的影响因素，对美国主流观点提出质疑，并构建自己的分析框架。

一、问题的缘起

美国历史上的环境正义运动与环境保护运动之间有着本质的区别，同时又有不可割舍的联系。美国现代环保运动兴起于 20 世纪 60 年代，其思想基础是深生态学以及利奥波德（Aldo Leopold）的土地伦理，标志着人们对待自然的态度上的转变。20 世纪 60 年代之前，自然被认为是为人所用的资源。工厂、企业将其看作可开发利用的物质资源，诗人、哲学家等将其看作精神力量的来源。而 60 年代的现代环保运动却将自然看作共生环境中与人平等的一员，有其自身伦理价值和权利，应该得到人类的承认和尊重。在现代环保主义者看来，自然环境的多样性和各物种之间的联系是其固有特征，任何破坏此多样性的行为都是不道德的，并且物种之间的联系使得对自然环境的破坏最终导致人类自身的毁灭。可见，现代环保运动的着眼点是人与自然之间的关系，这里的自然仍是远离人群的山川河流、树林荒野及生活在其中的野生物种。现代环保运动的主体以白人、男性、中

产阶级为主，组织强大，主要依赖其专业知识、政治影响力，通过科学调查、法庭诉讼、政治游说等达到自己的诉求，在美国政府决策中扮演着重要的角色。

随着美国经济的持续发展，技术的不断进步，人们收入水平大幅提高，消费主义大行其道。与此相伴的，是爆炸式增长的污染物的产生。生产环节和消费环节共同产生的废弃物，尤其是有毒有害废弃物堆放在哪里，以什么样的方式处置，逐渐成为一个尖锐的问题。由于事实上有毒废弃物在少数族裔和低收入群体社区不成比例地集中，最初关注此问题的就是这些受害群体。他们认为，环境不仅存在于荒野丛林中，也是人们生活、工作、玩耍的地方❶，是人们的工作车间和日常生活环境，环境负担在不同社会群体之间的分配应该是公平的。据此，他们发起了声势浩大、影响深远的环境正义运动。环境正义运动关注的更多的是人与人之间的关系，是将环境问题扩展至都市生活，是往环境问题中加入了社会公平的维度。在这里，种族、阶层、性别等社会因素起到了更大的作用。环境正义运动是美国环境问题和社会正义问题的结合。至此，环境问题不仅仅是我们该如何对待自然，还包括在环境问题面前，我们该如何对待彼此？如何才能做到正义？

二、本研究的意义

首先，现代社会的特点更加要求正义得到彰显。相对于原始狩猎采集和中世纪农庄这些社会形态，现代工业化社会具有高度的社会分工、生产集中化、专门化以及社会生活各个方面的极强的相互依赖性，也正是由于这个原因，现代工业化社会具有极大的脆弱性。如果正义得不到彰显，几个心怀不满的人只需控制一两种重要物资，或者摧毁几个电网、堵塞几条重要高速公路，就可以造成千千万万人生活瘫痪。因此，现代社会中有必要使人们认识到自己所处的社会是正义、公平的，即人们的正义感不能受

---

❶ GOTTLIEB R. Forcing the spring: the transformation of the American environmental movement [M]. Washington D. C.: Island Press, 2005: 34.

到伤害❶。在一个秩序良好的现代工业社会，暴力对维持秩序是必要的，但不充分，需努力培养民众的自愿合作精神，他们必须感觉到公正。人们生活环境的好坏直接影响人们的生命与健康，良好的生活环境处于人的基本自由体系之内，环境正义是社会正义的重要组成部分。

其次，美国环境正义问题凸显以来，吸引了大量的学者、机构及政府部门对其进行研究。这些研究形成了不同的环境正义理论模型，对环境不正义现象的形成和发展进行解释并试图解决问题。这些理论有时相互补充，有时相互矛盾。本书拟从社会学的视角，尝试分析决定美国环境分配的影响因素，对美国环境正义问题进行理论解释，期望能对环境正义问题的研究进行理论上的补充。

第三，美国作为现代工业化国家的先锋，其经济发展和科技发展以及发展所引发的问题均走在世界各国的前列，其解决问题的尝试、成功的经验和失败的教训将会对我国类似问题具有一定的借鉴作用。近年来，我国因环境问题引发的群体性事件呈极速上升态势，事件性质也有恶化、极端化的趋势。对美国环境正义运动的研究，无疑会为我们提供一些经验，使得我国能够更好地兼顾发展与环境，效率与公平，平稳地走上环境可持续发展之路。

第四，21世纪的全球化浪潮使得资本与资源得以在全球范围内更加优化地配置，生产与消费环节所产生的废弃物等对环境的负面影响也得以在全球范围内重新分配。一方面，这使得美国将自己并未真正解决的环境问题转移出去；另一方面，使得美国环境问题的受害群体处于一种"工作"还是"环境"的两难之中。美国如何应对挥之不去的环境问题及有关环境的正义问题，也将对世界范围内的生态帝国主义问题提供有益的借鉴。

三、本研究的创新性

少数族裔是美国环境正义问题的主要受害群体，因此美国现有相关研究大都从族群政治入手来对此进行分析，将环境利益和环境负担的不平等

---

❶ 温茨 P. 环境正义论 [M]. 朱丹琼，宋玉波，译. 上海：上海人民出版社，2007：19.

分配看作种族不平等的另一个方面。本书从罗尔斯的正义两原则入手，分析环境不正义背后体现的社会和经济不平等的产生原因，在细致考察环境分配的政治、经济、社会因素的基础上，发现种族因素并非影响环境利益和环境负担分布的最主要原因，更不是唯一的原因。本书尝试突破现有种族分析框架，提出种族、阶层及地区差异同时起作用的综合分析框架，对作为一个社会政治运动的美国环境正义运动进行全面研究。

第二节　国内外研究综述

一、国外研究综述

环境正义问题受到社会与学界的关注始于 1982 年的沃伦抗议。北卡罗来纳州沃伦县的居民为抵制一个多氯联苯（PCB）填埋场举行大规模的抗议行动，导致包括一名参议员在内的 500 多人被捕。该抗议事件直接导致美国审计署（General Accounting Office）对美国环保局所划定的第四区内（包括美国东南部 8 个州）的四个有害废弃物填埋场进行调查。1983 年，美国审计署发布题为《有害废弃物填埋场的选址及其与周围社区种族和经济情况的关系》（Siting of Hazardous Waste Landfills and Their Correlation with the Racial and Socio – economic Status of Surrounding Communities）的报告❶，发现第四区的 4 个非现场商业有毒废弃物填埋场中，有 3 个都位于以非洲裔美国人为主的社区，尽管黑人在全区人口中的比例只有 20%。1987 年，同样受到沃伦抗议的影响，基督教联合教会种族平等委员会（United Church of Christ Commission for Racial Justice）发布报告，题为《美国的有毒废弃物和种族：有关有毒废弃物设施所在社区种族和社会经济特点的全国报告》（Toxic Wastes and Race：A National Report on the Racial and Socio – Eco-

---

❶ The US General Accounting Office. Siting of hazardous waste landfills and their correlation with the racial and socio – economic status of surrounding communities [R/OL]. 1983 [2016 – 01 – 23]. http：//archive. gao. gov/d48t13/121648. pdf.

nomic Characteristics of Communities with Hazardous Waste Sites）❶（下文简称《有毒废弃物和种族》）。此为第一个全国范围的将有毒废弃物处理设施所在地和当地人口特征结合起来的研究。该报告发现：在有毒废弃物处理设施的分布中，种族比贫穷、地价和是否拥有房产这些因素更准确地预测了有毒废弃物设施的存在。

另外，2007 年，基督教联合教会在 1987 年《有毒废弃物与种族》发布 20 周年之际，委托环境正义领域的知名学者罗伯特·布拉德（Robert Bullard，时任克拉克·亚特兰大大学环境正义资源中心主任）、保罗·莫海（Paul Mohai，时任密歇根大学自然资源与环境学院教授）、罗宾·萨哈（Robin Saha，时任蒙大拿大学环境研究助理教授）和比弗利·莱特（Beverly Wright，时任狄乐德大学的环境正义深南研究中心主任）又进行了一次全国范围的有毒废弃物设施调查。该调查发现，20 年后，社区与社区之间仍然是不平等的。某些社区仍然是各种有毒废弃物的倾倒地，在各种自然或人为的环境灾害之后，低收入人群和有色人种仍然得不到应得的保护。这次调查使用了新的方法，以国家地理资讯系统（Geographic Information System, GIS）精确定位有毒废弃物设施所在社区，从而获得有毒废弃物宿主社区和其人口特征的更加精确的匹配，并使用了 2000 年的人口普查数据，研究结果显示出了更加严重的有毒废弃物设施分布的种族及阶层差异。也就是说，20 年来，美国有毒废弃物设施分布的种族差异性不仅存在，而且远比一直以来人们所认为的要大。❷

以上三项研究堪称环境正义研究领域有关环境风险分布与种族相关性的三项经典研究。其他大量的研究使用了基本相同的方法，即确定有毒废弃物设施所在社区，然后将该社区的种族、收入等人口特征与无此类设施

---

❶ United Church of Christ Commission for Racial Justice. Toxic wastes and race：a national report on the racial and socio‐economic characteristics of communities with hazardous waste sites［R/OL］. 1987 ［2016 - 01 - 22］. http：//d3n8a8pro7vhmx. cloudfront. net/unitedchurchofchrist/legacy _ url/13567/ toxwrace87. pdf? 1418439935.

❷ BULLARD P, MOHAI P, SAHA R, et al. Toxic wastes and race at 20：1987 - 2007, grassroots struggles to dismantle environmental racism in the United States［R/OL］. 2007 ［2016 - 08 - 15］. http：//www. ejnet. org/ej/twart. pdf.

的社区相比。此外，詹姆斯·莱斯特（James Lester）、大卫·艾伦（David Allan）和凯丽·希尔（Kelly Hill）于 2000 年合作出版了专著《美国的环境非正义：误解和现实》（Environmental Injustice in the United States：Myths and Realities）❶。他们在已有环境正义研究的基础上，设计出了更为综合、全面的研究方案。他们分别从美国本土 48 个州、存在有毒物排放记录的县以及人口超过 5 万的存在有毒物排放记录的城市，这三个层面进行研究，并把环境风险因素也分为 14 个小的类别。该研究结果也发现种族与环境风险之间具有高度相关性。保罗·莫海和班扬·布莱恩特（Bunyan Bryant）总结了从 1971 年到 1992 年之间出现的 15 项研究，将其研究结果进行汇总分析，发现 80% 的研究认为环境风险分布与收入相关，94% 的研究发现与种族有关。❷ 1994 年，知名学者罗伯特·布拉德（Robert Bullard）出版了《迪克西的倾倒：种族、阶层和环境公平》（Dumping in Dixie：Race，Class and Environmental Quality）❸ 一书。该书记录了社会正义与环保运动的融合，及作者本人对休斯顿市 25 个固体废弃物处置场的调查。调查发现，25 个固体废弃物处置场所中，有 21 个位于非洲裔美国人社区。布拉德随后与其他学者共同编写出版了《直面环境种族主义：来自草根群体的声音》（Confronting Environmental Racism：Voices from the Grassroots）❹、《寻求环境正义：人权和污染政治》（the Quest for Environmental Justice：Human Rights and the Politics of Pollution）❺、《美国的环境健康和种族平等》（Environmental Health and Racial Equity in the United States：Building Environmen-

❶ LESTER J, ALLAN D W, HILL K M. Environmental injustice in the United States：myths and realities [M]. Boulder：Westview Press，2001.

❷ MOHAI P, BRYANT B. Environmental racism：reviewing the Evidence [M] //MOHAI P, BRANT B. Race and the incidence of environmental hazards：A time for discourse. Boulder, CO：Westview Press，1992：178 – 190.

❸ BULLARD R. Dumping in Dixie：race, class and environmental quality [M]. Boulder：Westview，1994.

❹ BULLARD R. Confronting environmental racism：voices from the grassroots [M]. Boston：South End Press，1993.

❺ BULLARD R. The quest for environmental justice：human rights and the politics of pollution [M]. Counterpoint Berkeley：Sierra Club Books，2005.

tally Just, Sustainable, and Livable Communities)❶ 等书, 汇集了大量学者在这一领域的研究, 大多是综述类的定性研究或案例研究, 共同指向美国环境风险分布的种族及阶层差异这一事实。

其他学者关注了美国社会上黑人与工业、化学污染以外的环境不正义的表现形式。例如, 罗伯特·戈特利布 (Robert Gottlieb) 综述了拉美裔农场工人在工作中遭受的过多的杀虫剂和除草剂风险❷; 曼纽尔·帕斯特 (Manuel Paster) 等发现近年来在美国西部都市地区出现了拉美裔移民大量替换黑人的现象, 在此人口变化过程中的社区往往更容易成为新的有毒废弃物所在地❸; 戈特利布❹、丹尼尔·恩德雷斯 (Danielle Endres)❺ 和石山典子 (Noriko Ishiyama)❻ 考察并证实了北美印第安人所遭受的核工业、核试验及核废料储存相关的环境风险。

环境正义不仅意味着环境风险在不同人群之间的公平分配, 还包括环境有益设施的平等享有。莫兰德 (Kimberly Morland) 和华英 (Steve Wing) 调查了马里兰、明尼苏达、密西西比和北卡罗来纳州 216 个社区中的大型超市、饭店和其他食品经销商的分布, 发现大型超市持续迁往郊区, 使得内城少数族裔社区居民不得不更多地依赖健康食品种类较少、价格较高的小型食品店。而日常饮食中健康食品的缺乏已经影响到社区居民的日常饮

❶ BULLARD R, JOHNSON G S, TORRES A O. Environmental health and racial equity in the U-nited States: building environmentally just, sustainable, and livable communities [M]. Washington D. C.: American Public Health Association, 2011.

❷ GOTTLIEB R. Forcing the spring: the transformation of the American environmental movement [M]. Washington D. C.: Island Press, 2005: 313-314.

❸ PASTOR M Jr., SADD J, MORELLO-FROSCH R. Environmental inequity in metropolitan Los Angeles [M] //BULLARD R. The Quest for environmental justice: human rights and the politics of pollution. Counterpoint Berkeley: Sierra Club Books, 2005: 108-124.

❹ GOTTLIEB R. Forcing the spring: the transformation of the American environmental movement [M]. Washington D. C.: Island Press, 2005: 326.

❺ ENDRES D. From wasteland to waste site: the role of discourse in nuclear power's environmental injustices [J]. Local Environment, 2009, 14 (10): 917-37.

❻ ISHIYAMA N. Environmental justice and American Indian tribal sovereignty: case study of a land-use conflict in skull valley, Utah [J]. Antipode, 2003: 119-139.

食选择❶；罗伯特·加西亚（Robert Garcia）和艾丽卡·弗洛丽丝（Erica Flores）研究了洛杉矶市少数族裔占多数的内城区域和以白人为主的郊区在人均公园、公共绿地占有方面的差异，认定少数族裔所享有的诸如公园的娱乐休闲场所远远低于白人❷；而布拉德❸和戈特利布❹分别考察了缺乏廉价、便捷的公共交通如何造成了黑人在空间上与工作机会的分离。

　　随着环境正义运动的发展，越来越多的议题被纳入环境正义的考量范围。联邦政府成立了诸如联邦环保局这样的政府管理机构之后，尤其是克林顿总统 12898 号行政命令明确将确保环境正义纳入联邦各部门日常工作中后，政府针对环境不正义现象所采取的措施、政府在重大环境灾害之后的救援行动也受到了极大的关注。《国家法律期刊》（National Law Journal）于 1992 年发布的题为《不平等的保护》（Unequal Protection）的研究报告显示，与黑人、拉美裔和其他少数族裔社区相比，白人社区受到环境侵害时，政府行动更为迅速，结果更令人满意，对环境侵害责任人的惩罚更加严厉。❺ 贝弗利·莱特和罗伯特·布拉德研究了卡特里娜飓风之后重建新奥尔良过程中政府及其他商业团体对有色人种的歧视。❻

　　环境不正义的表现形式有很多，但最为突出的仍然是有毒有害废弃物

---

　　❶　MORLAND K, WING S. Food justice and health in communities of color ［M］//BULLARD R. Growing smarter: achieving livable communities, environmental justice, and regional equity. Cambridge, Mass: the MIT Press, 2007: 171 –188.

　　❷　GARCIA R, FLORES E. Anatomy of the urban parks movement: equal justice, democracy, and livability in Los Angeles ［M］//BULLARD R. The quest for environmental justice: human rights and the politics of pollution. Counterpoint Berkeley: Sierra Club Books, 2005: 145 –167.

　　❸　BULLARD R. Growing smarter: achieving livable communities, environmental justice and regional equity ［M］. Cambridge: the MIT Press, 2007: 34 –35.

　　❹　GOTTLIEB R. Forcing the spring: the transformation of the American environmental movement ［M］. Washington D. C. : Island Press, 2005: 14.

　　❺　LAVELLE M, COYLE M. Unequal protection: the racial divide in environmental law ［J］. National Law Journal, 1992, 15 (3): 126 –137.

　　❻　WRIGHT B, BULLARD R. Washed away by hurricane Katrina: rebuilding a 'new' New Orleans ［M］//BULLARD R. Growing smarter: achieving livable communities, environmental justice, and regional equity. Cambridge, Mass: the MIT Press, 2007: 189 –211.

在不同人群间的不平等分布。前文提到的几个实证研究以及莫海、布莱恩特❶、詹姆斯·莱斯特❷等对其前人所做研究的荟萃研究都有力地揭示了有毒废弃物设施的分布与种族的相关性，但是也有一些研究得出了相反的结果。例如，安德顿（Douglas Anderton）1994年的研究发现有毒废弃物设施存在与种族和收入并没有实质性的联系❸；2001年，威廉·鲍恩（William Bowen）的研究❹，1998年，福尔曼（Foreman）的研究❺都对有毒废弃物设施与种族的相关性提出了质疑。另外一些学者提出不同的理论模型论证种族并不是决定有害废弃物设施分布的主要因素。维姬·比恩（Vicki Been）提出"市场动力理论"，认为在活力十足的美国房地产市场上，人们根据自己的财力及对环境的重视程度选择居住地。这样，一个社区如果有了环境不友好设施，便会逐渐失去其白人居民，以越来越低的房价吸引通常社会经济地位较低的有色人种。❻ 由此，有害设施和特定人群哪个先来，一度成为研究热点。

尽管种族与有害废弃物设施之间的相关性被大部分的研究所证实，但是无论针对政府部门，还是针对废弃物处理公司的种族歧视的指控都很难胜诉。因为民权运动以来，美国社会的种族歧视越来越以隐蔽的方式起作用，如果有的话，人们也会将自己的种族歧视意图隐藏很深，那么种族到底如何决定了有害废弃物设施的分布这个问题也吸引了一大批学者的注意。曼泰（Juliana Maantay）以纽约市为例，考察了土地用途分区制度在

❶ MOHAI P, BRYANT B. Environmental racism: reviewing the Evidence [M] //MOHAI P, BRANT B. Race and the incidence of environmental hazards: A time for discourse. Boulder, CO: Westview Press, 1992: 178 - 190.

❷ LESTER J, ALLAN D W, HILL K M. Environmental injustice in the United States: myths and realities [M]. Boulder: Westview Press, 2001.

❸ ANDERTON D ANDERSON A OAKES J, et al. Environmental equity: the demographics of dumping [J]. Demography, 1994, 31 (2): 229 - 248.

❹ BOWEN W, SALLING M, HAYNES K, et al. Toward environmental justice: spatial equity in Ohio and Cleveland [J]. Annals of the Association of American Geographers, 2001, 85 (4): 641 - 663.

❺ FOREMAN C. The promise and peril of environmental justice [M]. Washington, DC: Brookings. , 1998.

❻ BEEN V. Locally undesirable land uses in minority neighborhoods: disproportionate siting or market dynamics [J]. Yale Law Journal, 1994, 103 (6): 1383 - 1422.

纽约市的 5 个区域的不同情况。他发现：在所有的土地用途重新分区或改变土地用途的案例中，工业性土地用途增加的地方更容易有着较高的少数族裔和贫困人群，而工业性土地用途降低的地方更容易有着较低的少数族裔和低收入群体。曼泰认为，土地用途分区法律将有毒废弃物设施挡在了纯居住区之外，而大多数少数族裔和贫困人群居住的工业区和混合用途区域就成了废弃物设施的当然选择❶；皮尔斯（Peirce）❷、杰克逊（Jackson）❸、维尔（Weiher）❹ 等研究了"二战"以来白人逃离城市而向郊区蔓延的现象，认为郊区蔓延造成了内城有色人种与工作机会的分离以及聚集性贫困；莱克多（Rector）❺ 认为有色人种在面临"工作还是环境"的两难选择中实际上遭遇了环境敲诈，被迫"自愿"承受了过多的环境风险；莱特、布拉德、约翰逊等深入研究了路易斯安那州的公司福利政策，认为政府与公司以发展经济、增加就业为名，对公司实行多种免税政策，结果造成"以教育补贴企业"的局面，经济利益的绝大部分被公司拿走，环境风险却留给了当地有色人种、贫困居民。❻

学者、机构和政府对于环境正义问题的研究其最终目的还是要解决或者减轻此问题。许多学者在论文中对环境正义运动进行背景介绍时都会罗列美国政府，尤其是联邦环保局所采取的措施。但是总的来说，尤其是进入 21 世纪以来，对联邦环保局的工作持批评态度的居多，认为在小布什政府时期联邦政府的工作重心偏离了环境正义问题，放松了很多方面的环境

---

❶ MAANTAY J. Zoning law, health, and environmental justice: what's the connection? [J]. Journal of Law, Medicine & Ethics, 2002, 30 (4): 572 – 593.

❷ PEIRCE N R. Citistates: how urban America can prosper in a competitive world [M]. Washington, DC: Seven Locks Press, 1993.

❸ JACKSON K T. Crabgrass frontier: the suburbanization of the United States [M]. New York: Oxford University Press, 1985.

❹ WEIHER G R. The fractured metropolis: political fragmentation and metropolitan segregation [M]. Albany, State University of New York Press, 1991.

❺ RECTOR J. Environmental justice at work: The UAW, the war on cancer, and the right to equal protection from toxic hazards in postwar America [J]. The Journal of American History, September 2014: 480 – 502.

❻ WRIGHT B. Living and dying in Louisiana's 'cancer alley' [M] //BULLARD R. The quest for environmental justice: human rights and the politics of pollution. Counterpoint Berkeley: Sierra Club Books, 2005: 89 – 95.

管制，迈克尔·伊瓦尔（Mike Ewall）也对联邦环保局的政策执行进行了严厉批评❶。相反，怀特海德（Latoria Whitehead）❷、鲁尔（Suzi Ruhl）❸等对于奥巴马政府近年来在争取环境正义的工作中所表现出来的创新和诚意表示肯定。奥内尔（Sandra O'Neil）❹和安德顿（Anderton）❺则对联邦超级基金的应用进行研究，发现作为在无法确认环境侵害责任人或责任人无力赔偿情况下对受害者的补偿，超级基金的使用也表现出了一定的种族歧视。

受害群体所采用的抗争策略主要有法律诉讼和社区赋权（community empowerment）。科尔（Luke Cole）及福斯特（Sheila Foster）在进行了一定的案例分析后，认为法律诉讼在解决环境正义问题方面有很大的局限性。由于美国联邦层面并无环境正义立法，环境正义诉讼往往需要借助环境法和民权法。环境法本身的目的是保护环境，而不是保护人，而民权法要求以种族歧视为指控发起的诉讼必须证明被告人存在明显的歧视意图，这便给诉讼原告带来了很大的困难。事实上，援引民权法发起的环境正义法律诉讼往往都以失败告终。据此，科尔和福斯特提出社区赋权或许是更为有效的斗争策略❻。另外，泰勒（Taylor）❼、钱伯斯（Chambers）❽、科尔、福斯特❾等也认为社区赋权的策略更加有利于受害群体争取环境正义，他

---

❶ EWALL M. Legal tools for environmental equity vs. environmental justice [J]. Sustainable development law & policy, 2013, 8 (1): 4 – 13.

❷ WHITEHEAD L. The road towards environmental justice from a multifaceted lens [J]. Journal of Environmental Health, 2015, 77 (6): 106 – 108.

❸ RUHL S, OSTAR J. Environmental justice [J]. GPSolo, 2016, 33 (3): 42 – 47.

❹ O'NEIL S G. Superfund: evaluating the impact of executive order 12898 [J]. Environmental Health Perspectives, 2007, 115 (7): 1087 – 1093.

❺ ANDERTON D OAKES J M EGAN K. Environmental equity in Superfund [J]. Evaluation Review, 1997, 21 (1): 3 – 26.

❻ COLE L, FOSTER S. From the ground up: environmental racism and the rise of the environmental justice movement [M]. New York: New York University Press, 2001: 121 – 128.

❼ TAYLOR D E. Blacks and the environment: toward an explanation of the concern and action gap between blacks and whites [J]. Environment and Behavior, 1989, 21 (2): 175 – 205.

❽ CHAMBERS, STEFANIE. Minority empowerment and environmental justice [J]. Urban Affairs Review, 2007, 43 (1): 28 – 54.

❾ COLE L. Empowerment as the key to environmental protection: the need for environmental poverty law [J]. Ecology Law Quarterly, 1992, 19 (619): 619 – 683.

们分别对环境正义组织内部构成、成员培训及与其他已有社会组织的联盟进行了研究与评价。

二、国内研究综述

国内有关美国环境正义运动的研究几乎都出现在 2000 年之后，大概可以分为三类。

第一类是有关该运动的引介性文章，如高国荣❶、王向红❷、王小文❸都对美国环境正义运动的缘起、发展及社会影响做了简要的介绍。另外，高国荣还在其专著《美国环境史学研究》❹ 中对环境正义运动进行了比较详细的描述；安丰梅和刘晓海则通过探析美国环境正义组织对环境正义运动进行了解❺；徐再荣❻对美国 20 世纪的环境政策和 1970—1990 年的美国环境政策进行了研究，而秦虎等❼单独研究了美国环境正义政策演变及实施机制，并就如何有效推进环境正义进行了经验总结。其他相关政策研究有，滕海键❽和王向红❾分别对罗斯福新政的自然资源保护政策和西奥多·罗斯福政府自然资源保护政策的研究。这些研究或从史实、或从政策的角度对美国的环境正义运动进行总体介绍，在国内对此概念的认识初期起到了一定的普及作用。

---

❶ 高国荣. 美国环境史学研究 [M]. 北京：中国社会科学出版社，2014：99 – 109.

❷ 王向红. 浅析西奥多·罗斯福的自然资源保护政策 [J]. 琼州大学学报，2004 (12)：22 – 24.

❸ 王小文. 美国环境正义探析 [J]. 南京林业大学学报：人文社会科学版，2007 (6)：23 – 28.

❹ 高国荣. 美国环境史学研究 [M]. 北京：中国社会科学出版社，2014.

❺ 安丰梅，刘晓海. 探析 1980 年以来的美国环境正义组织 [J]. 牡丹江大学学报，2014，23 (10)：134 – 136.

❻ 徐再荣. 20 世纪美国环保运动与环境政策研究 [M]. 北京：中国社会科学出版社，2013.

❼ 秦虎，唐德龙，苏海韵. 美国环境正义政策演变及实施机制研究 [J]. 理论界，2013 (10)：163 – 167.

❽ 滕海键. 简论罗斯福"新政"的自然资源保护政策 [J]. 历史教学，2008 (20)：102 – 106.

❾ 王向红. 浅析西奥多·罗斯福的自然资源保护政策 [J]. 琼州大学学报，2004 (12)：22 – 24.

第二类是理论建构研究。王小文博士对美国环境正义理论进行了深入、全面的剖析。❶ 他将环境正义的思想追溯至霍布斯、斯宾诺莎、洛克等的自由主义学说,尤其是洛克的"自然权利说"和"政府基于被统治者同意"的学说,推导出环境正义,即每个人都享有健康、滋养环境的权利应被看作人的自由。然后他梳理了美国环境正义理论的发生背景和发展进程、美国政府在处理这一问题时的理论构建、政策制定与实践。最后在肯定了环境正义论在理论上和实践中的意义后,提出环境正义问题测算评估的问题与难度。何潇的博士论文研究了温茨的环境正义论,但温茨的环境正义论主要指的是对于环境的正义,是关于人与自然之间的关系,与美国环境正义运动中的环境正义概念有着很大的区别❷;晋海❸和马晶❹主要从法哲学的角度对环境正义进行理论建构;王韬洋在其《环境正义的双重维度:分配与承认》一书中,从分配正义和承认正义两个维度理解环境正义,具体探讨了环境正义的主体、分配对象、分配原则等,并进而对作为承认正义的环境正义这一新视角进行批判性分析❺。

第三类是评价性研究。王洁分析对比了草根组织的三种斗争策略:法律诉讼、增强意识及社区赋权,认为社区赋权是草根组织实现环境正义的最佳策略;❻ 王俊勇则借用生态女性主义的理论,对美国环境正义运动中的妇女参与进行分析,认为妇女的参与不仅促进了运动的发展,还给妇女自身带来了一些积极变化。❼

其他视角的环境正义研究包括:龙娟探讨了美国环境文学作品中与环境正义主题相关的内容;❽ 王云霞将环境正义和环境主义进行比较,分析

---

❶ 王小文. 美国环境正义探析 [J]. 南京林业大学学报:人文社会科学版, 2007 (6): 23 – 28.

❷ 何潇. 温茨的环境正义论研究 [D]. 西安:长安大学, 2012.

❸ 晋海. 美国环境正义运动及其对我国环境法学基础理论研究的启示 [J]. 河海大学学报:哲学社会科学版, 2008 (9): 10.

❹ 马晶. 环境正义的法哲学研究 [D]. 长春:吉林大学, 2005.

❺ 王韬洋. 环境正义的双重维度:分配与承认 [M]. 上海:华东师范大学出版社, 2015.

❻ 王洁. 美国环境正义运动中草根组织策略探析 [J]. 文学界, 2012 (3): 368 – 372.

❼ 王俊勇. 美国环境正义运动中的妇女参与 [J]. 云南行政学院学报, 2013 (6): 8 – 11.

❽ 龙娟. 美国环境文学中的环境正义主题研究 [D]. 长沙:湖南师范大学, 2008.

了两者从冲突走向融合的过程;❶ 张纯厚分析了有关环境正义问题的利益
集团和政治意识形态冲突,并延伸至国际社会,考察了生态帝国主义的问
题及南北政治意识形态冲突;❷ 洪大用将环境正义问题看作是环境问题的
社会学视角,❸ 并与龚文娟一起对环境正义研究的理论与方法做了述评。❹
最后,陈兴发介绍了中国的环境公正运动;❺ 刘海霞对我国环境弱势群体
进行实地调研,访谈及问卷调查,概括了我国环境弱势群体面临的主要问
题,分析问题产生的主要原因,对我国环境群体性事件进行综合分析,借
鉴各国保护环境弱势群体的成功经验,进而提出了保护我国环境弱势群体
权益的政策建议。❻

综上,国外的研究虽然详尽深入,对美国环境不正义的各种形式都进
行了详细探讨,并就环境风险分布的影响因素做了大量的实证研究,但是
对于环境风险分布的决定因素并无定论。主流观点认为种族是决定环境风
险分布的最主要的决定因素,这一观点也被政府和学界广泛承认,并被作
为政府决策的主要依据之一。但是,不同的声音仍然存在,也有实证研究
证明了种族及收入和环境风险之间并无有意义的相关性。另外,政府针对
环境正义问题所采取的措施虽然招致多方的诘难,但至于其为什么在达成
环境正义的过程中困难重重,并无太多研究。最后,从受害群体的视角来
看,除了目前被广泛采用的法律诉讼、社区赋权外,是否还有其他行之有
效的策略,这也是有待研究的。国内对美国环境正义的研究大多停留在史
实介绍,环境政策分析层面,而对环境正义理论的剖析更侧重法学、哲
学、伦理学及文学视角,将环境正义作为一个社会政治问题进行研究的文

---

❶ 王云霞. 环境正义与环境主义:绿色运动中的冲突与融合 [J]. 南开学报:哲学与社会
科学版, 2015 (2): 57-64.
❷ 张纯厚. 环境正义与生态帝国主义:基于美国利益集团政治和全球南北对立的分析 [J].
当代亚太, 2011 (3): 58-78.
❸ 洪大用. 环境公平:环境问题的社会学视点 [J]. 浙江学刊, 2001 (4): 67-73.
❹ 洪大用,龚文娟. 环境公平研究的理论与方法述评 [J]. 中国人民大学学报, 2008 (6):
70-79.
❺ 陈兴发. 中国的环境公正运动 [J]. 学术界, 2015, 30 (9): 42-57.
❻ 刘海霞. 环境正义视阈下的环境弱势群体研究 [M]. 北京:中国社会科学出版社,
2015.

献并不多见，本书拟在上述缺乏定论的领域进行补充研究，并试图填补国内对环境正义的社会政治研究的空缺，以期为环境正义运动研究添砖加瓦。

第三节　核心问题和相关概念

一、核心问题

环境问题是美国工业化社会所难以避免的重要问题。最初，人们对环境的关注往往集中在人类活动对环境的破坏，以及被破坏了的环境反过来对人类自身生存的威胁，而忽略了环境风险在不同地区的分布、环境利益和环境负担在不同人群间的分配以及由此引发的公平与正义问题。20 世纪 70～80 年代的美国，石化企业、生物化学技术及核能技术等取得了长足的发展，消费主义盛行，导致环境污染日趋严重，环境危机频发。但是，更加引人关注的问题是，以有毒有害废弃物及其存放、处理设施为代表的环境负担和诸如公园绿地、生活便利设施等环境利益在美国社会上是如何分配的；这种分配模式是由什么原因，通过什么样的机制形成的；政府为促进公平、保护所有人的生命权和财产权不受过多环境负担影响所采取的措施是否有效，为何如此；实现环境正义的可能途径有哪些。将这些问题综合起来，可以表述为：什么是环境正义？环境正义如何可能？此即本书所要回答的核心问题。

二、相关基本概念

（一）环境正义的概念

美国环保局（Environmental Protection Agency，EPA）给环境正义（environmental justice）下的定义是：

环境正义是指在环境法律、规则和政策的制定、贯彻和执行中，所有人，不分种族、肤色、来源或者收入，需得到平等对待并进行有效参与。

公平对待是指任何群体都不应当承受与其人口不成比例的，来自工业、商业及政府行为或政策的负面环境后果。有效参与是指：1. 有关有可能对他们的环境或健康造成影响的活动，人们应有机会参与政策的制定；2. 公众的想法应对政府部门的政策制定产生影响；3. 社区所关心的问题应在决策过程中予以关注；4. 决策者应当寻求潜在受影响者的参与并为其参与提供便利。❶

公平对待和有效参与是联邦环保局有关"环境正义"定义的两个组成部分，它们分别属于分配正义和程序正义的范畴，强调了任何人都不应该过多地承担与其人口不成比例的环境负担，即分配结果应该是公平的。公平对待可以说是联邦环保局对"环境正义"的界定，为自己的工作所定下的目标；而有效参与是为了确保分配结果的公平，联邦环保局所将要采取的措施。所有利益相关群体都应当有平等的机会获取必要的信息，进而对政策制定有平等的参与权，此即程序正义。

联邦环保局的职责是平等地贯彻国家所有环境政策法规，平等地保护所有美国人，而不是只保护那些有能力聘请律师、专家或进行政治游说的人和团体。环境保护是基本权利，而不是特权。联邦环保局有关"环境正义"的定义大体与受害群体的诉求一致，体现了西方传统价值观中对自由权利的追求和西方现代思潮中对平等的偏好。联邦环保局环境正义目标的达成有赖于政府平等保护每个人免受环境和健康风险的伤害，确保每个人平等参与政府决策过程，确保所有人享有健康的生活、学习和工作环境。可见，联邦环保局作为一个政府部门，主要考虑的是在实现环境正义的过

---

❶ Environmental justice (EJ) is the fair treatment and meaningful involvement of all people regardless of race, color, national origin, or income with respect to the development, implementation and enforcement of environmental laws, regulations and policies. Fair treatment means no group of people should bear a disproportionate share of the negative environmental consequences resulting from industrial, governmental and commercial operations or policies. Meaningful involvement means: 1. People have an opportunity to participate in decisions about activities that may affect their environment and/or health. 2. The public's contribution can influence the regulatory agency's decision. 3. Community concerns will be considered in the decision making process. 4. Decision makers will seek out and facilitate the involvement of those potentially affected. US Environmental Protection Agency. Environmental justice [R/OL]. 1993 [2016 - 02 - 01]. http. //www. epa. gov/environmentaljustice/.

程中，政府所应该采取的立场和所应该遵循的原则。但是，联邦环保局有关"环境正义"的定义有其局限性。首先，该定义侧重于"环境恶"的分担问题，即对有毒、有害物质的处置应该公平合理，不应沾染任何以种族、肤色、来源和收入为基础的歧视。这个概念在环境正义运动初期被表述为"环境公平"（environmental equity）或"环境平等"（environmental equality）。实际上，环境正义除了"环境恶"的分担问题，还应当包括"环境善"的分配问题。有毒、有害废弃物不应在特定群体周围不成比例地聚集，同时，有益健康的设施，如公园、树林等也应该被平等地享有。2001 年，联邦环保局在其有关环境正义的重新承诺中将"环境正义"的概念做了一定的调整，不仅仅从负面的角度来定义，还从正面的角度界定，即不仅是环境负担要公平分配，而且有益的环境带来的健康即社会收益也应该公平享有。❶ 环境正义活动家们在反对有毒废弃物设施的同时，越来越多地要求方便、廉价的交通设施，安全、廉价的住房，有益的市政设施等。但是，联邦环保局的官方网站上对于"环境正义"的定义并未加上这一点。其次，程序正义并不总是导致结果和分配的正义。这是因为，实质上的平等参与决策往往会因特定人群的社会经济状况、受教育程度等而大打折扣。而且，如果社会基本结构与运转方式已经把某些人群置于不利地位，那么仅在有害环境设施选址这一环节实现平等参与是没有太大意义的，因为处于不利地位的群体往往并没有其他选择。所以，联邦环保局的定义虽然明确了有关环境公正问题的目标和实现这一目标的基本步骤，并且能够在发展中不断完善，在维护平等、反对环境歧视方面起到了重要的作用，但仍然有其政府立场的局限性。

对环境正义的目标和内涵比较详细、全面的阐述出现在美国第一次全国有色人种环境领导人高峰会议上。1991 年，约 550 名与会者，代表全国300 多个团体，在会议上通过了具有指导意义的环境正义 17 条原则。这 17条原则是：

---

❶ 秦虎，唐德龙，苏海韵. 美国环境正义政策演变及实施机制研究［J］. 理论界，2013（10）：163 – 167.

1. 环境正义承认地球母亲的神圣、生态系统的完整性、所有物种的相互依赖性，以及它们免于生态毁灭的自由；

2. 环境正义要求公共政策要建立在对所有人的尊重与正义的基础之上，而不应有任何形式的歧视和偏见；

3. 环境正义要求为了人类和其他生命体拥有一个可持续的星球而道德地、负责地、均衡地使用土地和可再生资源；

4. 环境正义呼吁全面保护所有人及生物对于清洁空气、土地、水及食物的基本权利免受核试验、核开采、核生产及有毒废弃物处理设施的威胁；

5. 环境正义承认所有人的政治、经济、文化和环境自决的基本权利；

6. 环境正义要求立即停止所有有毒、有害物质、放射性物质的生产，要求所有既往和当前的生产者严格履行无害化处理和安全封存的责任；

7. 环境正义要求所有人平等参与各级政策制定，包括需求评估、规划、计划实施、执法和评估；

8. 环境正义承认所有工人享有安全健康的工作环境，而不必被迫在危险环境与失业之间选择的权利，承认在家工作的人同样享有免于环境危险的权利；

9. 环境正义保护环境不正义受害者接受充分赔偿、损害修补及优质医疗服务的权利；

10. 环境正义认为，导致环境不正义的政府行为是对国际法、《联合国人权宣言》和种族灭绝约定的违背；

11. 环境正义必须承认原住民通过各种条约、协定等与美国政府建立的特殊的、法律的、自然的关系，以及原住民的主权和自决权利；

12. 环境正义认为，都市及农村生态政策应该清理并重建我们的城市和乡村，维持其自然平衡，尊重所有社区的文化完整性，为所有人提供公平的、尽可能充足的资源；

13. 环境正义呼吁严格执行知情同意原则，停止对有色人种进行的生殖、医疗及免疫实验；

14. 环境正义反对跨国公司的破坏性运作方式；

15. 环境正义反对军事占领、压制及对土地、人民、文化和其他生命形式的利用；

16. 环境正义支持对当前和未来人类进行教育，在我们的经验及尊重多样文化视角的基础上，强调社会及环境问题；

17. 环境正义要求我们作为个体，通过有意识的选择，消费尽可能少的地球资源，产生尽可能少的废弃物，挑战并调整当前生活方式，确保为当前和未来人类提供一个健康的自然环境。❶

上述环境正义17条原则可分为三个部分。其一，尊重神圣地球母亲、生态系统的完整及所有物种的相互依存关系。其二，反对污染和战争，全面保护环境免受核试验、开采、生产及废弃物处理所导致的损害，停止一切有毒、有害物质的生产，反对跨国公司对有毒、有害物质的越境转移，反对军事占领，镇压及其他破坏性的开发。其三，争取平等的环境权益，公共政策应以所有人的相互尊重和正义为基础，不应带有任何形式的偏见或歧视，所有工人都应享有安全健康的工作环境，而不是只能在忍受污染和失业之间被迫做出选择，保护环境歧视的受害者获得全面赔偿、康复和优质医疗服务的权利，承认土著居民通过与政府签署条约、协议所获得的自治和自决的权利，为现在和未来的人们提供以尊重文化多元性为基础的有关社会和环境的教育。❷

显而易见，这17条原则远远超出了美国本土出现的弱势群体遭受过多环境负面影响的范畴，而囊括了种际正义、代际正义、参与正义和国际正义，确立了赔偿原则、契约原则、反核、反毒、反战的立场，并提出通过改变生活形态、减少废弃物等方法实现人与自然的和谐相处。它们所涵盖的内容比上述联邦环保局的定义要广泛得多。

首先，环境正义本身就有广义与狭义之分。事实上，环境正义的概念最初指的就是广义的，有关人与自然之间的关系的，主张的是公正地对待

---

❶ Delegates to the First National People of Color Environmental Leadership Summit. Principles for environmental justice ［R/OL］. 1991 ［2016 - 01 - 20］. http：//www. ejnet. org/ej/principles. html.

❷ 徐再荣. 20世纪美国环保运动与环境政策研究 ［M］. 北京：中国社会科学出版社，2013：276.

环境（justice to the environment）。彼得·温茨（Peter Wenz）在其 1988 年出版的《环境正义论》一书中主要论述的仍然是如何公正地对待自然这个问题。直到 20 世纪 70 ~ 80 年代美国环境正义运动爆发后，该词汇才越来越多地指向狭义的环境权益分享与负荷分担方面的社会不公正，转向人与人之间的关系这个维度。表面上看，这两个维度似乎没有什么直接关系，但是广义的环境正义是覆盖狭义的环境正义的。广义的环境正义是解决狭义的环境正义问题的基础与前提，是从根本上解决"环境恶"不公正分布问题的途径。因此，综合的环境正义理论中应当包含生物中心个体主义与生态中心整体论。❶ 施韦泽（Albert Schweider）的观点和利奥波德（Aldo Leopold）的"土地伦理"（land ethics）理论也认为自然状态中的人只需要处理人与人之间的关系，国家出现后人们要处理人与社会之间的关系，现代社会中，在自然资源日渐稀缺的背景下，人与土地之间也需要一种伦理关系。❷ 土地伦理折射出的是一种生态良心的存在，一种人类对于土地健康负有责任的信念。❸ 利奥波德的土地伦理部分地催生了美国现代环保运动，也为广义的环境正义提供了理论基础。环境正义 17 条原则将广义和狭义的环境正义结合起来，朝着根本性解决环境问题迈出了重要的一步。

其次，环境正义 17 条原则将美国主流环保运动拉进了环境正义的阵营，突破性地壮大了环境正义运动的队伍。美国人对环境保护的关注始于美国进步主义时期。老罗斯福与其好友约翰·缪尔最初意识到自然和荒野的价值，看到了隆隆的推土机对自然造成的破坏，开始了自然与荒野保护行动，设立了自然保护区。20 世纪 30 年代，小罗斯福将自己的环境理念和应对经济危机结合起来，他确立了以科学调查为基础，以立法和设立专门机构为手段，因地制宜，改变公共土地使用政策，并将控制农业生产与土壤保持结合起来的土地资源保护政策；他实施了以建造防洪大坝和水库为重心的水利防洪措施；并通过购买等方式大幅度扩展公共土地面积，把它们添加到国家公园和国家森林体系中去。但这些依然是将自然看作是为

---

❶ 温茨 P. 环境正义论［M］. 朱丹琼，宋玉波，译. 上海：上海人民出版社，2007：55.
❷ 利奥波德 A. 沙乡年鉴［M］. 侯文蕙，译. 吉林：吉林人民出版社，1997：204.
❸ 同上书，第 221 页。

我所用的资源，保护它是为了更好地利用它。20 世纪 60 ~ 70 年代的现代环保运动则将自然放在与人平等甚至是高于人的位置上。在土地伦理的理论基础上，以反毒为中心，在工业发展进一步摧毁自然环境的社会现实中，在蕾切尔·卡逊（Rachael Carson）《寂静的春天》（Silent Spring）的警醒中，现代环保运动迅速发展为一支以白人精英为主的强大的社会力量。但是 20 世纪 80 ~ 90 年代，由于有毒废弃物在弱势群体社区不成比例地集中，现代环保运动受到了种族主义倾向的指控，他们被指责为白人精英的俱乐部，漠视弱势群体的基本权益，过度关注远离人群的荒野及人对于荒野、自然的休闲性消费。环境正义 17 条原则大胆地拓宽了环境正义运动最初关注的范围，将主流环保运动的诉求纳入到自己的纲领，例如，其中的第 1、3、4、6、14、15、16、17 条原则明确提出尊重自然、反毒、反战、反全球化、反消费主义的理念，这与美国主流环保思想是一致的，同时，环境正义 17 条原则成功地将环境平等（environmental equity）（公平地分担环境恶）深化为环境正义（environmental justice）（彻底根除环境恶）。

美国首届全国有色人种环境领导人峰会可以被视为美国环境正义运动的里程碑，也对美国环保运动的发展产生了广泛而深远的影响。它扩展了人们对环境的理解，使人们意识到环境也存在于城市、郊区的各个角落，存在于人们生活的社区及工作场所。它将环境权益平等与社会公正联系起来，拓展了社会公正的外延与内涵。2002 年，美国第二次全国有色人种环境领导高峰会议在华盛顿特区召开，参会者逾 1400 名，多是来自草根阶层，以社区、信仰为基础的组织，还有许多工人组织、民权组织、青年组织以及学术机构。此次会议最大的特色是吸引了大量的青年，聚集了三代环境正义运动领导者。另外，与会者也展示出了极大的地区、民族多样性，每一个州，包括阿拉斯加、夏威夷和波多黎各都有代表参会。

本书所论环境正义即指美国首届全国有色人种环境领导人峰会所确立的环境正义 17 条原则所框定的环境正义的概念，侧重有关环境权益分享和环境负荷分担的社会不公正问题，即狭义的环境正义问题，但广义的环境正义因其与狭义环境正义的不可分割的关系，故亦在本书的讨论范畴之内。

（二）环境、环境种族主义、环境公平和环境正义

20 世纪以来，随着环境史、环保运动和环境正义运动等成为新兴学科、研究热点，也出现了诸如"环境""环境种族主义""环境歧视""环境公平"等概念，它们之间既有联系又有区别，精确理解并区分它们对于环境正义的研究是必要的。

"环境"传统上被理解为自然、荒野，或者至少是远离尘嚣的宁静乡村和存在于其中的各种动植物、有机体及各种矿产资源。美国历史上发生在进步主义时期的第一次环保运动高潮所致力保护的，即是远离人群的荒野及其中蕴含的自然资源。发生在 20 世纪 60 ~ 70 年代的第二次环保运动高潮，亦称"现代环保主义"，其关注的焦点仍然是工业化社会中经济发展所产生的有毒有害物对自然环境所造成的伤害。这里，自然环境仍然指的是荒野丛林及生活于其中的野生动植物和生物多样性。直到 20 世纪 90 年代，环境正义运动已经发展近 20 年，社会、政府及学界广泛参与，人们对"环境"的理解才有了突破性的改变。在 1991 年的美国首届全国有色人种环境领导人高峰会议上，环境正义活动家阿尔斯顿（Dana Alston）首次将环境定义为"我们生活、工作和玩耍的地方"❶。阿尔斯顿认为，环境正义涉及日常生活的各个方面。它有力地将人们的视线从荒野和自然转移到了自己居住的社区，使人们意识到保护环境不光是保护野生动物的栖息地，还要保护人类的家园。在学术研究中，"环境"的概念得到了进一步的修正。被称为"环境正义运动之父"的美国南德克萨斯大学都市规划和环境政策教授罗伯特·布拉德认为"环境"不仅包括物质世界和自然环境，而且还应该广泛包含我们生活、工作、玩耍、进行宗教活动和接受教育的地方。❷

社会科学中的术语"建成环境"（built environment）也被环境正义者们采用，该术语是指为人类活动提供场所的人造环境，小到建筑物、公

---

❶ 王俊勇. 美国环境正义运动中的妇女参与 [J]. 云南行政学院学报，2013（6）：8 – 11.

❷ BULLARD R. The quest for environmental justice: human rights and the politics of pollution [M]. Counterpoint Berkeley: Sierra Club Books, 2005: 2.

园、绿地，大到整个社区、城市，以及城市里的基础设施，如供水系统和能源网络。这才是人们天天生活在其中的真正的"环境"，对人类的健康与福祉有着巨大的影响。❶ 环境正义运动最初关注的就是不良生活环境对人们健康的影响，因此，环境正义运动将环境的内涵扩大以包含建成环境，当数自然而然的事情。更加宽泛的建成环境甚至包括健康食物的获取、社区花园建设、一个社区的步行舒适度（walkability）和自行车舒适度（bikeability）❷。

环境种族主义（environmental racism）也称环境歧视（environmental discrimination），最初由时任基督教联合教会种族正义委员会主任的本杰明·查维斯（Benjamin Chavis）在 1982 年提出，指环境政策、法律和法规在制定和执行过程中，存在种族歧视❸。1896 年，最高法院对普莱西诉弗古森案的裁决在南方各州确立了"隔离但平等"的合法性。之后，种族歧视在全美范围内铺开，有色人种在住房、教育、交通及休闲娱乐设施的享有方面受到歧视。20 世纪 60 年代声势浩大的民权运动反对的焦点是种族主义（racism），黑人在争取平等公民权利方面取得了巨大成功。同时美国的环保思想转型进入现代环保主义，唤醒了人们对健康、可持续生活环境的诉求。有毒废弃物在有色人种及低收入社区不成比例地集中使得受害群体自然而然地将民权运动与环保运动相结合，认为当时环境有害物在不同地区与社区的不均衡分布是种族歧视的一个表现。种族歧视在美国是一种制度上的歧视，是根植于"白人至上主义"价值观的。它不必要是，也往往不是某个人或某个机构的主观意图，整个制度、或制度的某一方面就决定了种族歧视的结果。被污染的环境带来的直接后果是对健康的损害，而以健康为基础的人的生命权源于洛克的哲学思想，被看做是是人的自然权利，是神圣不可侵犯的，国家的存在即为了保护人们的这种权利。这里，

---

❶ ROOF K, OLERU N. Public health: Seattle and King County's push for the built environment [J]. Journal of Environmental Health, 2008, 71 (3): 24 - 27.

❷ Wikipedia. Built Environment [G/OL]. 2015 [2016 - 03 - 24]. https: //en. wikipedia. org/ wiki/Built_environment.

❸ 高国荣. 美国环境正义运动的缘起、发展及其影响 [J]. 史学月刊, 2011 (11): 99 - 109.

环境歧视成为种族主义的又一个侧面，同时也是环境不正义的一种表现形式，由政府、法律、商业和军事部门从制度上实行，引起了受害群体的强烈不满。环境种族主义是个冒犯性较强的表述，具有很强的感情色彩，暗含了对社会、对政府的强烈不满，❶在环境正义运动初期起到了较大的煽动作用。但是，《民权法案》之后，种族歧视在法律上被禁止，环境歧视随即也隐藏于无形之中，其他非种族的因素往往会起到更加重要的作用。因此，在法律意义上，环境歧视的指控很难成立，环境正义活动家们也很快抛弃这一议题，转向环境正义这一更加中性、涵盖范围更广的概念。

环境公平（environmental equity）和环境正义（environmental justice）的概念更加接近，在相关学术讨论中经常被互换使用。环境公平强调的是结果上的公平，指潜在污染源，例如，有害土地利用（locally unwanted land uses LULUS）以及与它们相关的健康影响不应该在特定群体，如少数族裔和低收入群体中不成比例地分布。❷而环境正义强调的是决策过程应该确保所有人，尤其是弱势群体，不会受到歧视。环境正义是方法、过程，环境公平是结果。也可以说，环境公平强调的是平等分配环境恶，而环境正义的目标是彻底消除环境恶。1992 年，布什总统执政期间，美国环保局成立了环境公平办公室（Office of Environmental Equity），但随后的克林顿政府将其更名为环境正义办公室（Office of Environmental Justice），可见，这两者之间是有着不可忽略的区别的。实际上，环境公平的结果是很难实现的。回顾1991 年的环境正义 17 条原则，其中并未提到任何让白人或其他任何群体分担不良环境后果的诉求，环境正义的核心目标是对整个人类生存环境的保护和尊重、对所有对环境有害的人类活动（如战争、核试验等）的反对。事实上，所谓"环境公平"的目标不仅不可能实现，而且即便是可能实现，也是没有意义的。首先，自然规律在很大程度上决定了污染的分布，这在当前技术手段下是不被人类完全掌控的。例如，汞、

---

❶ 徐再荣. 20 世纪美国环保运动与环境政策研究 [M]. 北京：中国社会科学出版社，2013：265.

❷ LESTER J, ALLAN D W, HILL K M. Environmental injustice in the United States：myths and realities [M]. Boulder：Westview Press, 2001：21.

二噁英和多氯联苯可在食物链中转移，最终聚集在动物脂肪中，尤其是在极地地区的鱼类体内，某些少数群体如爱斯基摩人大量食用鱼类，这就使得他们遭受了最大的伤害，虽然产生污染物质的设施在远离他们的美国本土。含氟的饮用水可增强人体对铅的吸收，铅会影响智商，增加人体染上毒瘾的概率。由于低收入群体家庭内部装修更多地使用了含铅原料，所以他们就比饮用同一种水的其他群体受到了更大的伤害。因此，环境公平并不是仅仅调整有毒污染物的分布地区就可以解决的。另外，调整有毒污染物分布地区这个想法本身就有着不合理性。从未有任何个人或团体提议过将污染企业或有毒废弃物搬迁至白人区、富人区，让他们也承担相应的环境负担。这样的想法不仅在经济上滑稽可笑，在政治上也是不可能实现的。用于获得这种意义上的环境公平的资源如果用在发展替代能源，或者帮助各阶层群体认识到环境恶实际上侵害到的是每一个人，从而铸造一个全社会范围内的联盟，那么这将是更加明智和理性的。❶ 环境公平的概念或许更加适合于有益环境设施，如公园、健康新鲜的食物和便利的公共交通的分配。这在实践中易于实施，并在道义上被广泛接受。

因此，环境公平的概念不仅过于狭窄，而且也经不起道义的推敲和实践的检验。而环境正义跨越了种族、阶层、性别、年龄和地理界线的局限，包容性强，需要协调经济发展、科技进步、文化传统、生活方式等各个方面的考虑，也因此能够从更为根本的层面处理人类所面临的问题。

第四节　本书的理论框架、研究方法及基本思路

一、理论框架

环境正义问题不是个技术问题，也不是个伦理问题，而是个社会政治问题，是从社会公正的角度来考察环境问题。约翰·罗尔斯的《正义论》

---

❶ EWALL M. Legal tools for environmental equity vs. environmental justice [J]. Sustainable Development Law & Policy, 2013, 8 (1): 4 - 13.

一书突破了传统的伦理学范畴，将正义问题作为一个社会政治问题，从而使从制度上实现正义成为可能。因此，罗尔斯的"正义论"与环境正义最为相关，本书即以此为理论基础。

罗尔斯在 1971 年出版了《正义论》一书，当时正是西方资本主义面临重重危机之时，各社会群体纷纷要求自己的权利，各种社会运动风起云涌。罗尔斯的《正义论》是其新自由主义精神的精髓，也为重建资本主义道德体系提供了理论依据。

首先，何为正义？柏拉图认为在一个国家里，所有的人处于最适合自己的位置上，各司其职，即构成理想国，国家即达到正义。亚里士多德认为正义是符合公共利益的一种善，又由于法律体现了人民的共同利益，因而遵守法律就是正义，即法治的正义。霍布斯认为人与人之间的自然状态就是人对所有其他人的战争，为了生存人们必须订立契约，组成拥有无上权力的强大国家，人们必须服从，此即正义。洛克认为人的自然状态是人人自由平等，因利益冲突而进行战争，所以订立契约转让部分权力给国家，国家只是契约的一方。如果国家不能保护人民的自由权利，人民就有权推翻此政府。人民的自由权利是否得到保障是衡量正义的根本标准。罗尔斯的正义两原则体现了洛克的思想基础。❶

罗尔斯的正义两原则如下：

1. 每一个人对最广泛的、平等的基本自由体系都拥有平等的权利，而这种最广泛的、平等的基本自由体系同所有人的相似自由体系是相容的（平等的自由原则、平等原则，对应于自由和权利的分配）。

2. 社会和经济的不平等应该这样加以安排，以使他们：

（1）适合于最不利者的最大利益（差别原则，对应于机会和权利的分配）；

（2）在公平的机会和平等的条件下，使所有的职位和地位向所有人开放（公平的机会和平等原则，对应于收入和财富的分配）。❷

---

❶ 程世礼. 评罗尔斯的正义论 [J]. 华南师范大学学报：社会科学版，2002 (5)：23–26.
❷ 罗尔斯 J. 正义论 [M]. 何怀宏，译. 北京：中国社会科学出版社，2003：61.

　　自由和平等同是资本主义社会的基本价值，但这两者之间存在着尖锐的矛盾。人们由于家庭出身和自然禀赋的不同在一个完全竞争的自由社会中会形成巨大的差异，处于不利地位者将不可避免地失去自由。罗尔斯的正义两原则为解决这个问题提供了很好的方法。作为罗尔斯正义论第一条的自由原则强调所有人都应平等享有所有其他人所享有的权利和利益，而第二条的差别原则指出社会利益有必要进行不平等的分配，这种不平等要符合最小受惠者的利益最大化。自由原则关涉自由的过程，差别原则关涉自由的结果。差别原则是对自由原则在实施过程中形成的差距的不断修正，以确保自由原则的彻底贯彻。

　　罗尔斯为自己的正义论进行了充分的论证。这两个原则的构建来自罗尔斯的"无知之幕"（the veil of ignorance）的假设。如果一个社会上每个人都对自己的出身、天赋及决定自己在这个社会上的地位和将要达到的高度等其他所有因素都一无所知的话，他们将会一致达成的协议就是正义的。（"作为公平的正义"即"正义原则是在一种公平的初始状态中被一致同意的"。）因为造成人们在订立契约时意见分歧的原因主要来自人们各自经济地位、价值观及对自己未来预期等的不同。"无知之幕"背后的人们对这些信息一无所知，也就丧失了为自己谋福利的自利基础。在这种情况下，他们不但会竭力保证人人平等，而且还会竭力保证自己可能遭受的损失最小化，因为他们不知道自己在这个社会中是强者还是弱者，相对于让强者更强的原则，保证弱者的基本权利应该更为重要。（最大最小值原则，Maximin 也就是在选择时考虑各种原则的最坏结果，并从这些最坏结果中选择出一种最好结果的原则。）罗尔斯正义论中的差别原则也有其道德依据：影响人们生活前景的东西有三：出身、天赋和运气。这些完全是偶然的，与道德毫无关系，因此不能对建立在此基础上的不平等听之任之。正义的社会制度应该能够修正这种不平等。另外，罗尔斯将自然天赋看作是一种共同的资产，它所带来的收益应该共享。而且，在社会生活中，每一个人的福利都依赖于某种合作体系，没有它，所有的人都不会拥有令人满意的生活，因此社会经济利益的分配应该有利于参与社会合作的每一个

人，特别是那些最不利者。❶

　　实质上，罗尔斯的正义论是以契约论为基础的，更具体地说，是通过他所假设的"原初状态"证明的。按照社会契约论，宪法的合法性在于人民的普遍同意，尽管在现实政治生活中人民中的绝大多数实际上并没有参与宪法的制定和修订。总之，人民的普遍同意赋予国家权力和政治法律制度以合法性。以此推论，"无知之幕"背后人们普遍同意的原则即具有了合法性，因此也是正义的。

　　罗尔斯的正义论有平等主义的倾向，追求事实上的平等，这就要求在分配利益、责任时，要采取并不公平的方法。其正义原则第一条即平等原则突出了罗尔斯对分配正义、结果公平的强调。所有人都平等享有与其他所有人的自由不冲突的基本自由体系，这便要求决定健康与基本生活质量的环境利益与负担应该在所有人之间公平分配，而不应受种族、阶层等社会因素的影响。罗尔斯正义论中的差别原则对最不利者的偏爱也有助于环境不正义事实的修正。环境问题的很多方面涉及公共领域，政府的积极参与是可以在很大程度上避免不平等，并提高社会整体效率的。另外，罗尔斯对功利主义的反驳意味着不能以少数群体基本利益的损害来换取社会总体财富的增加。这便驳斥了以经济发展促增长、增就业为中心的言论，而将弱势群体的基本环境权益摆在第一位。可见，罗尔斯的正义论与环境正义的目标有着较高的契合度。

　　但是，罗尔斯对程序正义，尤其是纯粹程序正义的认可及依赖又对环境正义的实现形成了障碍。从联邦环保局的环境正义定义中即可看出，其第一部分"公平对待"凸显了环境利益与负担应该公平分配的目标，而第二部分"有效参与"则试图通过程序正义来达成"公平对待"的目标。罗尔斯在论证自己的正义两原则时所使用的"无知之幕"的假设是一种完美的程序，但这种程序只存在于假设之中，而在实际社会生活中，在有关环境风险选址的决策中，参与决策的人们却是无法升起"无知之幕"的。程序正义是否会被完整地、恰当地遵守，是非常不确定的，换言之，程序正

---

❶ 姚大志. 罗尔斯［M］. 吉林：长春出版社，2011：43.

义并非一定能导致结果公平。本书将使用罗尔斯的正义论，对环境正义进行界定，并探索以罗尔斯的正义论为指导的政府决策的有效性。

二、研究方法及基本思路

本书主要采用了：文献分析方法（document analysis method），即以现有官方文件和学术研究成果等文献资料为基础，进行分析、比较，辩证地对其进行评价，并为本书所提观点进行验证；个案研究方法（case studies method）❶，即通过对某一事件或某一地区的研究，由点及面，对相关问题建立更为深刻和全面的认识；比较分析方法（comparative analysis method）❷，即通过对多个相关概念、事件或行为的描述、对比和分析，发现其中的异同与相关性。

由于美国社会是个高度种族化的社会，各主要族裔分区而居，并在社会经济地位方面大致分层，美国的社会问题总是和种族有着千丝万缕的联系。环境正义问题最初出现的时候，就带有鲜明的种族性。南卡莱罗纳州沃伦县的一个黑人社区为了抗议一个多氯联苯填埋场的修建而暴力抗法，当时的抗议主要领导人即是基督教联合教会种族平等委员会的本杰明·查韦斯。他曾经是民权运动的领导人。随后，政府、学界和社会团体所展开的各种环境正义研究也多以种族为研究重点，将种族作为主要变量，考察种族与有毒废弃物设施存在的相关性。因此，本书也拟从种族入手，发掘影响环境风险分布的决定因素。然后通过对美国主流环境正义分析框架的质疑，分析环境问题在美国政治、经济、社会背景下的表现形式、形成机制，试图找出美国环境不正义事实形成的主要决定因素，并以此为基础，探讨环境正义何以可能。

本书第一章明确研究问题、研究意义，将有关环境的几个概念进行辨析，对已有研究进行综述，并论证罗尔斯的正义原则为环境正义的理论基础；第二章将美国环保思想进行梳理，确立美国环保思想演变的三个阶段

---

❶ 阎学通，孙学峰. 国际关系研究实用方法［M］. 北京：人民出版社，2001：131－132.
❷ 同上书，第133－137页.

（资源与荒野保护运动、现代环保运动、环境正义运动）和两次转变（从将自然看作为我所用的资源到将自然看作与人平等的共生环境中的一员，从侧重人与自然之间的关系到侧重人与人之间的关系）；第三章罗列了以扩大了的"环境"概念为基础的环境不正义的各种表现形式，进一步阐明环境正义的概念范畴；第四章考察种族与环境风险分布之间的关系，先是介绍了代表美国主流观点的几项影响较大的研究，通过对其研究报告的研读发现其研究方法及结论之间逻辑关系的不严谨性，然后评价以主流观点为指导的美国政府政策措施的有效性和受害群体应对措施的有效性，在此基础上，引出"种族之外，是否还有其他因素"的疑问；第五章在上述问题的基础上，对美国环境不正义事实的形成机制进行深入剖析，试图发掘美国环境正义问题的其他决定因素；第六章总结全文，得出结论并对环境正义问题的未来进行展望。

小 结

本章介绍了本书研究问题的来源，明确了环境正义问题在美国环境思想发展中的位置以及民权运动对其造成的影响。环境正义运动汲取了美国环保思想对环境的尊重和对健康有益生活环境的诉求，并从民权运动中汲取了反对歧视、争取所有人平等享有基本环境权利的思想。对该问题的研究有助于更加深入地了解美国的社会正义问题，并对当前世界范围内的生态帝国主义以及我国在发展中已经面临和将要面临的环境问题提供有益的借鉴。

本章还对国内外相关研究做了综述，找出本研究的切入点，并对环境正义的理论基础——约翰·罗尔斯的正义论进行介绍与论述。最后，本章介绍了全书的基本思路和各章节主要内容。

第二章　美国环境正义运动的
渊源和历史发展

美国的环境正义运动发端于 20 世纪 70～80 年代，发展于 90 年代，是美国现代环保思想与社会正义运动的融合。它吸纳了环保运动中人们对健康、宜居生活环境的向往，将"环境"一词的概念从"自然、荒野"扩展为"我们生活、工作、玩耍的地方"，即包括住房和其他基础生活设施的人工环境。同时，美国环境正义运动继承了 20 世纪 60 年代民权运动的成果，以对抗环境种族主义为推力，强烈要求所有人，不分种族、阶层、性别等社会因素，都应平等地享有健康宜人的生活环境。美国环境正义运动又被称为"20 世纪 90 年代的民权运动"[❶]，有力地促进了环境史和社会史的合流。美国环保思想的演变经历了三个阶段和两次转变。第一阶段到第二阶段的发展，即从资源与荒野保护运动到现代环保运动的发展，以人们对待自然的态度转变为标志；第二阶段到第三阶段的发展，即从现代环保运动到环境正义运动的发展，以人们的关注点从人与自然的关系转向人与人的关系为标志。本章试图将美国环保思想的演变做一梳理，以美国环保思想的两次重要转变为主线，找出美国环境正义运动的渊源和历史发展脉络。

第一节　美国环保思想的第一次转变：
从利用自然到尊重自然

美国环保思想发展的第一阶段是资源与荒野保护运动。该短语在英

---

❶ LESTER J, ALLAN D W, HILL K M. Environmental injustice in the United States：myths and realities ［M］. Boulder：Westview Press, 2001：1.

语中可用两个词来概括，即 conservation 和 preservation，意思分别是"保护、节约"和"保留"，在本书语境中指的是以特定方法对资源、环境加以利用或停止使用以使之能够更为持久、有效地为人类所用。美国历史上的资源与荒野保护运动有着强烈的浪漫主义哲学基础，在文学界也有强大的支持，其代表人物西奥多·罗斯福总统、约翰·缪尔等人代表了典型的白人精英群体。美国环保思想发展的第二个阶段是现代环保运动。该运动以阿尔多·利奥波德的土地伦理为理论基础，提出应该将自然看作自然与人类组成的共生群体中与人平等的一员。自然并非单纯为人类所用而存在，自然本身及其原有的生物多样性有着自身的价值，应该得到人类的尊重。现代环保运动的主体同样以白人中产阶层及以上阶层为主，其斗争方式也有着白人精英的特征，即依赖专业科技人士及法律专业人士，通过科学的风险评估、政治游说及法律诉讼达成自己的诉求。20 世纪 60 ~ 70 年代，人们对待自然的态度发生了重要的转变，从利用自然转变为尊重自然。

一、资源与荒野保护运动

（一）资源与荒野保护运动的缘由与发展

美国是个自然资源得天独厚的国家，这也是美国能够崛起的一个重要因素，但美国人对自然的破坏却是从殖民时期就开始了。在"五月花"号船为代表的早期移民到达北美大陆时，那里还是丛林密布的荒野。到独立战争前夕，在一个半世纪的时间内，密苏里河以东广大地区的森林已经被砍伐殆尽。被美国人称赞为"牧歌式"的西进运动同时也是对自然的掠夺式开发，在移民西进的过程中，"他们清除了土地上的自然植被……它们差一点砍光了从大西洋畔一直伸展到大平原区的一望无际的硬木森林；他们杀死了绝大多数为捕兽者所遗漏的野生动物；他们还使一度清澈的河流中填满了从被侵蚀的田地上冲刷下来的泥泞。但更严重的是：他们毁坏了土地本身"。甚至有学者指出，"19 世纪美国开发利用森林、草原、野生动物和水资源的经历，是有史以来最狂热和最具有破坏性的历史"❶。美国历史上的两位罗斯福总统曾在资源与荒野保护运动中做出了较大的贡献。老罗斯福在其好友、著名荒野保护主义思想家约翰·缪尔（John Miur）的影响下，意识到了自然和荒野的价值，看到了隆隆的推土机和刺耳的电锯对环境造成的难以恢复的破坏，他采取了一系列措施，建立林业局和土地管理局，推行自然资源保护政策，兴修水利，增加国有林地保护面积，创立野生动物保护区，美国的第一批国家公园也是在那个时期建立起来的。

　　另一个热心于资源与荒野保护运动的美国总统是老罗斯福总统的远亲富兰克林·罗斯福。20世纪30年代被人们贴上了厚重的"经济危机""大萧条"的标签，以至于人们往往会忽略了那也是个生态危机、环境灾难频发的年代，干旱、尘暴和洪水等不断侵扰北美大陆。从1933年起，在美国每年都有无数次大小尘暴发生，尘暴引发呼吸系统疾病，卷走表层土壤，在风蚀最严重的1938年，1000万英亩土地上损失的表层土壤至少有5英寸。暴雨引发的洪灾进一步加重了水土流失。对于这些环境灾难的原因，有学者从生态学角度来解释。堪萨斯州农业学院昆虫学家罗杰·史密斯指出，是人类及其农业打乱了大平原地区古老的自然平衡，导致生物圈和土地秩序的紊乱。"大平原委员会"在1936年提交的"大平原的未来"报告认为，尘暴完全是一种人为的灾害，是把不适宜大平原的农业系统强加给这一地区的产物。❷罗斯福总统早年就对自然、土地和森林有着浓厚的兴趣，在其就任美国总统之前的十多年间，就已担任过纽约州森林、渔业和狩猎委员会主席一职，并且在纽约州尝试过把资源保护与社会救济结合起来。面对20世纪30年代史无前例的资本主义经济大危机，罗斯福总统将自己的环境理念和危机的解决结合起来。他确立了以科学调查为基础，以立法和设立专门机构为手段，因地制宜，改变公共土地使用政策，并实施将控制农业生产与土壤保持结合起来的土地资源保护政策；他实施了以建

---

　　❶ 高国荣. 美国现代环保运动的兴起及其影响 [J]. 南京大学学报：哲学·人文科学·社会科学，2006（4）：47-56.
　　❷ 滕海键. 简论罗斯福"新政"的自然资源保护政策 [J]. 历史教学，2008（20）：102-106.

造防洪大坝和水库为重心的水利防洪措施；并通过购买等方式大幅度扩展公共土地面积，并把它们添加到国家公园和国家森林体系中去。

（二）资源与荒野保护运动的思想基础

因其独特的辽阔地域和殖民地、移民国家的历史，美国人对荒野一直有一种特殊的感情。英国人离开自己的岛国，踏上这一片大陆，便立即被其原始性、粗犷美所震撼。这里特有的荒野景观也部分地铸造了美国的国民性格。

北德克萨斯大学的尤金·哈格罗夫（Eugene Hargrove）)教授宣称，在美国，"荒野地至少有一个半世纪成为国家荣耀（national pride），而且荒野已经被作为一个专门的特征将美国景观的自然美与欧洲的区别开来"❶。马克·萨戈夫（Mark Sagoff）把这种关系更远地追溯到18世纪的神学家乔纳森·爱德华兹（Jonathan Edwards），"美国人能够在自然中体验灵魂觉醒的状态……自然是一个神圣的象征，而且，荒野使美国人确信他们与上帝之间特殊的关系"❷。哲学家拉尔夫·瓦尔多·爱默生（Emerson）相信每个个体的力量，认为每个人心中都孕育着神圣的种子。在他眼中，自然是充满灵性的，是个体获得力量的源泉。通过在自然中独处，个体依靠自己的力量不断升华。❸后来的大卫·梭罗（Thoreau）、赫尔曼·梅尔维尔（Melville）、沃特·惠特曼（Whitman）和詹姆斯·库珀（Cooper）等的作品中也反映了美国人对荒野地和荒野美德所怀有的深深敬意。总之，美国的画家、作家和传道士们通过自己的作品和布道在美国人的信念中确立了一个与自然的默契。这个默契被爱德华兹称为仁慈。萨戈夫写道："这种仁慈充分尊重事物使他们成其所是。它重视事物的特性并通过阻止人的干预以允许事物自身的完整。这是一个对所有事物的尊重，立足

❶ HARGROVE E. Foundations of environmental ethics ［M］. Englewood Cliffs: Prentice Hall, 1989: 82.

❷ SAGOFF M. The economy of the earth ［M］. New York: Cambridge University Press, 1988: 8.

❸ WHICHER S. E. Selections from Ralph Waldo Emerson ［M］. Boston: Houghton Mifflin Company, 1957: 147.

于此之上，我们可以建立一个合意的环境伦理。它足够地尊重自然，并不对其加以干预。"❶ 正是由于意识到了荒野的美学及精神价值，资源与荒野保护者们奋力挡住了隆隆的推土机与刺耳的电锯，为后世的美国人留下了成片的原始红木林和壮观的大峡谷。

资源与荒野保护运动的另一个动机则是以理性为基础的。它从经济的、功利的角度论证合理的规划和高效的使用对保护自然资源的重要性。20世纪初，西奥多·罗斯福总统时期，自然资源保护运动就已经在美国兴起，而富兰克林·罗斯福总统时期，自然资源保护运动成为政府应付经济危机的重要手段，例如，资源保护立法、以工代赈、植树种草、兴修水利等。这种对资源的保护与日后的美国现代环保运动虽有一定的联系，但两者在最终目标上是有着根本的区别的。资源保护运动往往以单个问题的解决为导向，如对田纳西河流域的整治、对大平原尘暴的治理等。另外，从理念上来看，资源与荒野保护运动仍将自然环境看作是为人类所用的资源，从经济、功利的角度论证合理使用或是停止使用自然资源的必要性，对它们的保护是为了人类的长期利益，是为了后来被人们称作"可持续发展"的目的。因此，资源与荒野保护运动仍将自然界的物种分为有用的和无用的，必须找到确定的经济价值才能有正当理由保护一种生物，如对一种鸟类的保护是源于这种鸟在控制有害昆虫方面的作用。有关资源与荒野保护运动的局限性，利奥波德在其著作《沙乡年鉴》（Sand County Almanac）中有过犀利的批判。他认为，资源与荒野保护运动是低效的、徒劳的，原因并不是工作做得不够，而是该工作本身的内容有问题。在利奥波德看来，如果资源与荒野保护者们没有价值观上的根本改变，就不可能真正解决环境问题。那些私人土地所有者在能得到政府补贴的情况下，象征性地做了一些表面文章，在哲学和宗教未参与进来彻底改变人们思想的时候，环境问题不可能得到改善❷。从20世纪60年代开始，美国环保思想开始转向现代环保主义。

❶ SAGOFF M. The economy of the earth ［M］. New York：Cambridge University Press, 1988：142.
❷ 利奥波德 A. 沙乡年鉴 ［M］. 侯文蕙，译. 吉林：吉林人民出版社，1997：210.

二、美国现代环保主义运动

"现代环保主义"在英文中的表述是 Environmentalism，从词汇的构成可知，这是一种以环境为基础、为中心的思维。确实，现代环保主义与之前的资源与荒野保护运动之间最大的区别就是，现代环保主义思想将环境放在第一位，世间万物，有生命的和无生命的，有形的和无形的，包括人类，都是环境这个整体的一部分。

（一）美国现代环保主义兴起的原因

首先，利奥波德提出的"土地伦理"为现代环保主义运动提供了有力的理论武器。利奥波德认为，"伦理"的概念只存在于共生环境（community）中，人与人之间需要伦理约束，人与社会之间也需要伦理秩序，现在，有必要将人类赖以生存的土地纳入我们已有的共生环境，这个土地包括土壤、水、植物、动物等，人的地位并不高于这些自然物，它们不是人所拥有的财产，人无权随心所欲地处置它们。就像人应该尊重其他人的存在、隐私和福利一样，人也应该尊重它们。❶ 关于价值观，利奥波德认为，自然进化的趋势是复杂化、多样化，凡是会维护这个共生环境的完整性、稳定性和美的东西都是正确的，相反即是错误的。❷"土地伦理"的观念彻底改变了美国人对自然的看法，也为现代环保主义奠定了理论基础。

其次，严重的化学污染已经直接威胁到了人的生存。环境污染和工业化总是如影随形，随着工业生产和人口大规模地向城市聚集，工业废料和生活垃圾的处理也成了突出的问题，使人们看到了环境污染与人的健康恶化之间的直接关系。"二战"之后，美国成为名副其实的"轮子上的国家"，汽车尾气加上工厂废气排放，导致了震惊世界的 1943 年的"洛杉矶光化学烟雾事件"和 1948 年的"多诺拉烟雾事件"。另外，商业社会将农业变成商业生产的一部分，农民经营农场不再只是为了养家糊口，而是像

---

❶ 利奥波德 A. 沙乡年鉴 [M]. 侯文蕙，译. 吉林：吉林人民出版社，1997：204.

❷ 同上书，225.

资本家一样为了利润最大化。推动农业发展，促进稳产、高产的手段，如杀虫剂、除草剂被广泛地运用到农业生产中，对生态环境造成了重大破坏。关于化学污染，蕾切尔·卡逊的《寂静的春天》犹如一声呐喊，开始了 20 世纪 60 年代的美国环境革命。卡逊是现代环保主义奠基人之一，是美国海洋生物学家、生态文学作家。《寂静的春天》于 1962 年 6 月先在《纽约人》杂志上连载，同年 9 月出版成书，立刻引起空前反响，在很多国家引起了人们思想和观念上的巨变。20 世纪 60 年代之前，类似"环境保护""生态保护"的概念还不存在于科学讨论之中，而这本书开创了全世界的环境保护事业。作者以科学家的严谨态度详细介绍了当时美国广泛使用的杀虫剂如 DDT、艾氏剂、德氏剂等，运用翔实的论据，真实的案例，论证它们在杀死所谓害虫的同时，也对环境和人类健康造成了可怕的影响，更让人不寒而栗的是，这些杀虫剂不知不觉中悄悄进入人类日常生活，甚至是日常食物中，且都会造成人体基因突变，引发癌症。而人类使用它们的最初目的——灭除害虫——这一目的也并没有达到。因为昆虫能够发展出惊人的抗药性，所以人类使用杀虫剂的结果，要么是在杀死害虫的同时，也杀死了其他昆虫的天敌，从而使从来没有惹过麻烦的昆虫变成了新的害虫，要么在害虫发展出抗药性后彻底失败。

《寂静的春天》还未发表时，了解该书内容的朋友就提醒卡逊，她的这本书会得罪许多人。果然，这本书一出版，就受到了有工业背景的专家的疯狂攻击。他们在《纽约客》杂志上发表文章，指责卡逊为歇斯底里的病人和极端主义分子。随后，美国农业部和杀虫剂生产厂家组成了专业的、系统的声讨力量，甚至有政府官员对她进行恶毒的人身攻击："她这个老处女，干吗要操心那些遗传学的事儿？"❶《时代》周刊也指责她煽情。当时身患重病的卡逊不顾病痛的折磨，勇敢地面对风暴来袭，同时继续为自己的观点收集证据，她一遍遍审读《寂静的春天》，连一个字词和标点符号都不放过。1962 年，肯尼迪政府迫于民众的压力，介入这场战争。总统任命自己的科学顾问委员会进行调查，并发布调查报告。1963 年 5 月，

---

❶ CARSON R. Silent spring [M]. London：Penguin Books，2000：262.

该报告由总统批准发行。整篇报告，几乎是《寂静的春天》的缩略版，该报告里面所发现的、证实的、建议的，几乎都可以在《寂静的春天》中找到，同时，该报告没有在任何重要论点上与卡逊的论点完全相反。1963年，美国国会召开听证会，卡逊抱病出席作证。这一系列事件，奠定了卡逊作为"美国现代环保主义之母"的地位。

第三，"二战"后，随着经济的发展，物质的富足，美国人对生活质量有了越来越高的追求。"二战"后，美国逐渐步入富足社会，一直走在现代化的最前列，整个社会中产阶级化。美国白领人口同蓝领人口的比率在1960年是0.49∶1，1970年上升到0.61∶1，在1986年则达到了1.24∶1[1]。与此同时，美国工人工作时间也减少了，而在所有的休闲方式中，选择出游的人数遥遥领先，参观国家公园的游客，"在1960年为7900万人次，在1975年则达到了2.39亿人次"[2]，这就意味着人们有更多的时间享受闲暇。有学者认为："现代环境价值很大程度上是战后时代赋予美国人寻求新的、非物质的舒适而导致的结果，所谓舒适是指清新干净的空气和水、良好的健康条件、开放的空间、娱乐，这是许多美国人在有空闲和安全保障的情况下需要的消费项目。"[3]

最后，20世纪60年代风起云涌的社会运动也对现代环保主义的兴起起到了推波助澜的作用，例如，反战运动的重要内容是反核武器、生化武器的应用。卡逊的《寂静的春天》中虽主要谈论的是杀虫剂、除草剂等化学农药，但作者在书中多处提到核污染的致命特性，反战运动和环保运动在这一点上不谋而合。另外，新左派人士认为高度工业化的现代社会是技术和机器统治的社会，机械化的流水线生产方式将人类本来富有创造性的生产活动极端割裂、碎片化，使人在生产活动中不但失去了自主性，而且还得不到任何成就感，在摧残人性的同时，工厂毁掉了自然环境。还有，

---

[1]　腾海键. 试论20世纪60~70年代的美国环境保护运动 [J]. 内蒙古大学学报：人文社会科学版，2006（7）：112-117.

[2]　高国荣. 美国环境史学研究 [M]. 北京：中国社会科学出版社，2014：57.

[3]　腾海键. 试论20世纪60~70年代的美国环境保护运动 [J]. 内蒙古大学学报：人文社会科学版，2006（7）：112-117.

反文化运动的参与者是过惯了养尊处优生活的"婴儿潮"一代，他们没学会走路就坐上了汽车，物质生活十分富足，但是，正是物质生活的优越，使得他们的内心更加脆弱、敏感、焦虑。核战争的阴影和充满毒素的环境使得他们"一直过着一种明天世界末日可能就要降临的生活"❶。在对环境的关切方面，他们和环保主义者息息相通。20世纪60年代是新的社会思潮不断涌现的年代，加之鼓舞大众针对时弊采取行动的行动主义文化，美国环保思想完成了重要的思想转型，从以更加有效利用自然为目标的资源与荒野保护运动转变为将人和自然都看作有机整体的一部分的现代环保主义。

（二）美国现代环保主义的影响

美国现代环保主义运动兴起于20世纪60年代之后，在理论上被深化，在组织上被细化，逐渐发展成为一支不容忽视的社会力量和利益集团。它以深层生态学为理论基础，以梭罗的《论公民的不服从》为武器，衍生出环境种族主义、环境社会学、环境政治学、环境经济学、环境伦理学、环境史学和环境法学等新的学科。同时，在组织上分化为温和的、通过正当法律程序影响政府的主流环保主义、激进的、诉诸暴力手段的激进环保主义和以弱势、有色人种为基础，以保护社区居住环境为目的的环境正义组织。美国现代环保主义的发展主要有以下社会影响。

第一，它使得先进的环保意识深入人心，从而也为自己获取了最大范围的社会基础和公众基础。相比而言，"二战"之前的资源与荒野保护运动主要局限在以总统为核心的社会精英之间，普通民众并没有参与进来。更重要的是，民众并没有意识到与自己的健康息息相关的环境污染问题。在政府机械化喷洒杀虫剂的年代，《纽约时报》曾刊登过几个孩子兴奋地奔跑在杀虫剂留下的白色烟雾中的照片。卡逊的《寂静的春天》的出版如石破天惊，惊醒了麻木的人们，使人们意识到，自然是一个整体，环环相扣地连接在一起，每一个环节的破坏，都有可能在其他环节引起意料不到的连锁反应。由于环保运动的深入开展，环保问题日益成为美国人关注的

---

❶ 高国荣. 美国环境史学研究 [M]. 北京：中国社会科学出版社，2014：59.

重点。新泽西州普林斯顿大学的舆论研究中心先后在 1969 年 5 月和 1971 年 5 月以"公众对重要国内问题的意见"为题,对 1508 人和 1506 人进行了民意测验。1969 年 5 月,在对"除了越南战争和外交事务外,你认为什么是美国人民现在面临的最重要的问题"的调查中,只有 1% 的被调查者认为是污染/生态问题,其重要性在被列出的各项国内问题中位居最末。但到了 1971 年 5 月,认为污染/生态问题"是美国人民现在面临的最重要问题"的人增加到了 25%,在所列出的各项国内问题中,其重要性仅次于通货膨胀/生活费用/税收,居于第二位。❶

第二,环境问题成为政府工作的一个中心议题。❷ 早在 1956 年,核安全和核污染问题就已经成为美国总统大选中公开辩论的议题,到了 20 世纪 60~70 年代,环境问题更成为联邦和州一级竞选中的一面旗帜。卡逊的《寂静的春天》出版后,肯尼迪政府迫于民众的压力,介入该书引发的战争之中。总统任命自己的科学顾问委员会进行调查,并发布调查报告。1963 年 5 月,该报告由总统批准发行。整篇报告里面所发现的、证实的、建议的,几乎都可以在《寂静的春天》中找到,同时,没有在任何重要论点上,与卡逊的论点完全相反。70 年代的总统尼克松本人并不是一个热心的环保主义者,其共和党保守派的政治背景更是使得为了环保目的而限制经济发展对他来说简直是不可想象的。但是,作为一个对舆论民情十分敏感的政治老手,他能够根据民众在环保问题上的倾向,做出对自己最为有利的决定。他在惠蒂尔的那罗斯水坝、安东尼奥的溪谷水坝和利夫奥克水灾控制渠问题上,投了赞成票,原因是"这三个计划对我的选区非常重要"❸。可见,当时日益恶化的环境污染问题和轰轰烈烈的现代环保运动已经形成了相当强大的阵容,将环境问题稳稳地摆在了政府工作的中心位置。

第三,美国现代环保运动最丰硕、最具有持久效应的成果应该是一系列的环保立法。1969 年,美国通过了《国家环境政策法》,1970 年通过了

---

❶ 金海. 20 世纪 70 年代尼克松政府的环保政策 [J]. 世界历史,2006 (3):21-30.

❷ 高国荣. 美国现代环保运动的兴起及其影响 [J]. 南京大学学报:哲学·人文科学·社会科学,2006 (4):47-56.

❸ 金海. 20 世纪 70 年代尼克松政府的环保政策 [J]. 世界历史,2006 (3):25.

《清洁空气法》《职业安全与健康法》《美国工业污染控制法》，1972年通过了《水污染控制法》《联邦杀虫剂控制法》，1973年通过了《濒危物种法》，1974年通过了《饮用水安全法》等。其中《国家环境政策法》被称作美国的"环境大宪章"，明确声称：国会认识到了人类的活动对环境所有组成部分之间相互关系所造成的深刻影响。该法案最重要的规定是，"对人类环境质量有重要影响的所有重大联邦行动"，都要做出环境影响报告书，一个新的环境质量委员会将对这些报告做出详细的评估，并且要求法庭中止那些对环境造成严重后果或者没有充分有效的补救措施的行动。❶这部法律后来成为环保主义者们最有力的一件武器，在多次有关环境的斗争中成功地击败有着强大经济实力的企业利益集团。

第四，各种环保组织的建立既是环保运动蓬勃发展的结果也是环保运动进一步发展的原因。美国人对组建社会组织有着极大的热情，现代环保主义兴起后各种各样的环保组织大致可以分为三类。第一类是主流环保组织，这类组织会员和经费较多，主张与政府合作，在现有政治体制之内通过正常的政治程序来实现他们的目标，如进行院外游说，促成立法，影响选举，进行法院诉讼等。不同的主流环保组织关注的问题也不尽相同，但总体趋势是各种组织在致力于自然保护的同时都开始涉足反污染斗争。由约翰·缪尔创立的塞拉俱乐部是主流环保组织的典型代表，也是美国最早的环保组织。第二类是激进环保组织。这类组织是在20世纪70年代末、80年代初美国保守主义抬头时期，由对主流环保组织的温和路线不满的激进分子创立的。里根执政时期，美国出现了一股"环保逆流"，以"私有财产不可侵犯"、州权等为由，主张削减政府在环境保护方面的作用。激进环保主义者对自己所认为的环境破坏现象采取直接的，甚至是暴力的对抗行为，如将推土机、采矿车和修路设备拆掉，拔掉施工现场的勘察桩，甚至在大树的树干上钉入钢钉，这对操作锯树机器的工人是极其危险的。激进环保主义者的行为有时带有浓重的个人英雄主义色彩，某些组织曾被联邦调查局认为是"隐蔽的恐怖组织"。这是因为激进环保主义者所信奉

---

❶ 金海. 20世纪70年代尼克松政府的环保政策［J］. 世界历史，2006（3）：27.

的"深层生态学"以自然环境为绝对中心,在实践中难免超出一定的限度,成为对抗人类和文明的可怕言论。如典型激进环保组织地球优先组织（Earth First）就曾提出,人口过剩是造成环境问题的罪魁祸首,艾滋病、核武器都可以用来减少世界人口,他们甚至说,应该让埃塞俄比亚饥荒中的灾民饿死,好让自然寻求自身的平衡。激进环保主义组织由于自身偏激的言论、组织的松散并没有得到很好的发展,但仍然体现了部分美国人对环保的热忱。❶ 第三类是基层环保组织,也称环境正义组织,是由有色人种等低收入群体为保护自己的社区及周边环境而建立的组织。有关环境正义问题,将在下文详论。

从资源与荒野保护运动到现代环保运动的转变是美国环保思想的第一次转变,是浪漫主义与实用主义的结合向环保主义的转变。环境从为人所用的资源转变为人类所生存的共生环境中与人类平等的一员。美国现代环保运动所关注的仍然是远离城市、远离人群的山川、林木、河流及野生动物,其目标是保护它们免受人类行为,尤其是现代工业文明所产生的有毒废弃物的污染,其主体基本局限于美国白人精英群体。从 20 世纪 70 年代后期开始,产生污染的工业设施和有毒废弃物及其处理设施在少数族裔及低收入社区不成比例的集中引起了当地居民和社会各界的注意,自此,美国环保主义开始其文化与社会转向。种族、阶层、性别等社会因素开始成为分析环境问题的新变量,城市,而不是荒野成为人们关注的对象,美国环境正义运动正式拉开帷幕。

第二节 美国环保思想的第二次转变:
从人与自然的关系转向人与人的关系

美国环境正义运动开始于 20 世纪 70 年代后期,发展于 80 年代,兴盛于 90 年代,是美国现代环保运动从荒野到城市的转向,是环境史和社会史

---

❶ 高国荣. 激进环保运动在美国的兴起及其影响——以地球优先组织为例 [J]. 求是学刊,2012 (7): 145 – 153.

的结合。由于其主体是过多承担有毒废弃物的少数族裔、低收入群体，该运动也曾被看作是反抗环境种族主义的斗争，是民权运动的延伸。但是，纵观历史，人们对于城市环境的关注却在进步主义时期就已经初见端倪了。

一、进步主义时期的城市环境问题

（一）进步主义时期的城市环境恶化

美国历史上的进步主义时期（1890—1910 年）与第二次工业革命在时间上大致重合。以美国为代表的第二次工业革命中诞生了现代化的大型企业，如美国钢铁、通用电气、标准石油等。进步主义时期的主流思想即进步、科学、高效、现代化。人类对科学技术有着极大的信心，认为这是治疗各种社会弊病的"总药方"。因此，都市、工厂成为进步的象征，各行各业的专家及职业人士被寄予了厚望。在轰鸣的机器声中，人们并未注意到，与工业化同生共长的是对自己赖以生存的环境的侵害。

伴随着机器化大生产的发展和人群向城市的聚集，工厂废弃物及人口密集区域的生活废弃物的排放开始产生前所未有的噪声、臭气和各种职业病问题。其中，最为突出尖锐的是水污染。工厂的生产和人们的生活都需要水，而当时并没有水净化、水处理的概念，人们的生活用水都是取自附近的水井与河流。当这些水源被污染后，大多数城市会转而从较远的、非都市地区取水，纵容了当地水源污染的问题。此外，城市管理者更加关注财产权，如宾夕法尼亚州的州长曾于 1897 年说，"财产所有者有权对他们地产上的水体进行任何形式的开发"❶。刘易斯·马福德（Lewis Mumford）在其《历史中的城市》（The City in History）一书中论述了早期工业城市如何将日常生活的方方面面从属于工厂的需求，"人们将各种污秽之物倒给它（河流）去冲洗，来自印染厂和漂白厂的整车的毒物，来自蒸汽锅炉的泛着白沫的东西，还有所有下水道冲来的臭气熏天的垃圾，最后河不再是

---

❶ JDUFFY J. The sanitarians：a history of American public health［M］. Urbanna：University of Illinois Press，1990：176.

河，而是一条流动大粪沟"❶。水污染只是环境破坏的一方面，废气排放及固体废弃物处理同样面临监管不严、处理不当的问题。城市道路上全是马粪，垃圾成堆，长期无人清理，即便是有人清理，它们也只是被运到附近的垃圾坑里，或是直接被倒进附近的河里。排水设施如果有的话，由于监管不力，也成为另一个污染重灾区。更为严重的是，垃圾分类的概念还未出现，这就意味着，有毒废弃物，如铅、苯等重金属和有机化学物质被毫无限制地排放到环境中去，导致了一系列的职业和公共健康问题。例如，钢铁厂的一氧化碳中毒、养殖场的肺炎和风湿病、火柴厂的磷毒性颌骨坏死等。进步主义时期不仅是产业大发展的时期，而且还是各种社会变革、科学大发展的时期，为了应对严峻的环境污染，当时也出现了一批致力于解决问题的专业人士。

（二）进步主义时期的环境正义思想萌芽

在资源与荒野保护主义者为善待自然、保存资源而努力时，一批社会活动家正在为改善恶劣的城市环境开辟新的社会学、医学领域。起初进展缓慢，但进入 20 世纪后，尤其是到"一战"前后，职业健康和公共健康领域都得到了长足的发展，出现了一批该领域的专家及活动家。英国医生约翰·斯诺（John Snow）于 1854 年发现了被污染的百老汇街水泵与当地爆发的霍乱疫情之间的联系。1880 年，细菌学研究获得突破性进展，这些都为职业和公共健康研究的发展奠定了基础，使得人们意识到并有信心维护最重要的资源——人类健康。爱丽丝·汉密尔顿（Alice Hamilton）被公认为是美国第一位伟大的都市及工业环保主义者。她出生于 1869 年，大学期间学习医学，这是当时向女性开放的少数几个大学专业之一。但在上大学之前，她就已经有了将医学科学和人道主义关怀及社会变革结合起来的想法。在西北大学女子医学院任病理学教授期间，她成为医学专家、社会改良家和人道主义者，以及各种城市活动家聚集的中心。她是最早发现环

---

❶　MUMFORD L. The city in history: its origins, its transformations, and its prospects ［M］. New York: Harcourt, Brace, 1961: 459 - 460.

境与疾病之间关系的人士之一，在调查当地一次伤寒爆发时，她发现一处下水排污管道与该病有直接联系，而当地卫生部门却竭力掩饰事实，这是她首次遭遇健康、环境与政治的交织。在接下来的几十年里，她广泛调查了工人所遭受的职业健康风险，通过不懈的努力，终于促成 1912 年立法禁止在工业生产中使用白磷。1919 年，她就任哈佛大学工业医学助理教授，有力地推动了工业卫生这一学位专业的建立。20 世纪 20 年代，爱丽丝·汉密尔顿出版《美国的工业毒害》(Industrial Poisons in the United States)，确立了自己在职业与环境健康领域的领军人物地位。她甚至提出了对新的生产方式或原料进行事先测试的防范措施，这在进步主义时期人们对技术与现代化的狂热崇拜中显得尤为冷静，饱含人文关怀。爱丽丝·汉密尔顿的研究已经触及种族、阶层、性别与工业化的关系和人类生殖功能有可能遭受的长期危害。❶

　　但是，进步主义时期美国都市环境研究最终并没有真正发展起来。虽然在环境后果的承担方面已经显示出鲜明的阶级性，即大资本、企业家享有机器化大生产带来的巨额利益，所产生的环境污染却主要由聚居在工厂周围的低收入群体、新移民承担，但是该问题并没有引起社会的广泛关注，更没有与社会平等问题结合起来，其主要原因是：第一，进步主义时期的主流思想对科学、发展、工业化的推崇使得人们将环境污染仅看作是经济增长的一个副产品，物质财富的增长仍然是人们首要考虑的问题。既得利益者，即资本家、企业家、垄断寡头刻意引导公众舆论，指出造成职业健康问题是工人个人不良卫生习惯造成的。❷爱丽丝·汉密尔顿在与工人访谈时便明显感觉到人们的这种普遍认识，而且工人由于担心失业，往往倾向于隐藏自己已经患病的事实。第二，细菌学和水净化技术的发展虽然一时间缓解了工业环境污染的问题，但是却更加纵容了工厂对环境的破坏。因为，既然被污染的水能够被净化，问题的解决就只需在生产环节中加一道工序即可，而资本主义生产方式和发展方向却无须调整。细菌学和

---

　　❶ GOTTLIEB R. Forcing the spring: the transformation of the American environmental movement [M]. Washington D. C. : Island Press, 2005: 83 – 88.

　　❷ Ibid, 91.

水净化技术的发展还催生了一大批公共健康职业人士，他们逐渐发展成为专业技术人士，开始潜心研究循环利用、废物处理等，与社会变革人士渐行渐远。因此，美国进步主义时期出现的严重的城市环境污染问题并没有导致 20 世纪 80 ~ 90 年代那样的环境正义运动，更没有出现环境和社会公平、种族等问题的交融。一个世纪之后，现代环保运动、反战运动、民权运动、反文化运动等各自为环境正义运动提供了所需的养分和推力，最终促成了环境问题与社会问题的结合。

二、美国环境正义运动的发生与发展

（一）美国环境正义运动的发生

如前所述，兴盛于 20 世纪 60 年代的美国现代环保运动在环境保护领域有着巨大的影响，使得现代环保思想深入人心，将环境问题纳入政府日程，促成了一系列重要环保立法，催生了一大批环保组织，美国的自然环境得到了很好的保护。但是，与此同时，几百万美国人，尤其是低收入群体、少数族裔，仍然在其居住地、工作场所和休闲场所遭受着比富人及白人严重得多的环境侵害。

20 世纪 70 年代，环境正义的概念还未出现，但是环境正义运动已经开始。早在 1968 年，小马丁·路德·金（Martin Luther King Jr.）去往孟菲斯就是为了帮助罢工的黑人垃圾工争取环境和经济正义，他们要求更好的工作条件和公平的工资报酬。1970 年，尼克松总统设立了环境质量委员会（Council on Environmental Quality），这是《国家环境政策法案》的要求，目的是要每年出一份美国环境状况的报告，剖析美国环境问题的内在原因，推荐实现总统环境目标的最佳方案。第二年的报告（1971 年 8 月）中即有一章分析了城市中心的环境质量问题，包括：拥挤的住房、高犯罪率、健康不佳、污秽环境、教育与娱乐设施缺乏和吸毒。❶ 可见，环境的

---

❶ LESTER J, ALLAN D W, HILL K M. Environmental injustice in the United States: myths and realities [M]. Boulder: Westview Press, 2001: 25.

概念已经扩展至都市中的建成环境。

1979 年，比恩诉西南废弃物管理公司案（Bean v. Southwestern Waste Management Corp.）成为利用民权法案挑战有害废弃物设施选址的第一案。总部设在休斯顿的布朗宁·菲利斯工业公司（Browning Ferris Industries）向休斯顿市申请在该市的黑人占大多数的中产阶级社区诺斯伍德社区（Northwood Manor）建一个卫生填埋场。黑人律师琳达·布拉德（Linda Bullard）代理了此案，状告休斯顿市、德克萨斯州和 BFI（当时的全国第二大废弃物处理公司）。该社区居民大体属于中产阶级，住在单户房子里，不是传统意义上的垃圾倾倒处，除了它 82% 的居民都是黑人这一点以外。因为这个案子，黑人学者、环境正义活动家罗伯特·布拉德于 1979 年受琳达委托进行了有关休斯顿市所有市政固体废弃物处理设施的空间分布的调查研究。布拉德采用手工翻阅政府记录、实地考察、挡风玻璃调查问卷、非正式访谈等方式完成了调查。休斯顿市本来地势平坦，所以任何一个所谓的"山"都有理由被怀疑为一个老填埋场。研究发现，休斯顿市的废弃物处理设施选址不是随机的，黑人和低收入群体承担了与其人口不成比例的环境负担。❶

1982 年，北卡罗来纳州沃伦县的一个多氯联苯（PCB）填埋场引发了大规模抗议，导致 500 多人被逮捕，包括一位名叫沃特·E. 方特罗伊的众议院议员。该事件始于 1978 年，当时北卡罗来纳州从沃伦县的阿夫特买了一片破产的农地用来存放有毒废弃物多氯联苯，遭到本地居民的激烈反对。经过长达三年的诉讼斗争，法院裁定允许建造该废弃物填埋场。于是抗议者被迫采取直接对抗的方式加以阻止，造成大批人被捕。沃伦抗议虽然以失败告终，但这是首次以非洲裔美国人为主体的集体抗议事件，直接导致美国审计总署（General Accounting Office）进行了美国南部商业危险废弃物填埋场的调查。1983 年，美国审计总署发布题为《有害废弃物填埋场的选址及其与周围社区种族和经济情况的关系》的报告，该报告表明美

---

❶ BULLARD R. The quest for environmental justice: human rights and the politics of pollution [M]. Counterpoint Berkeley: Sierra Club Books, 2005: 56.

国环保局所划分的第四区（南部 8 个州构成）的 4 个商业有毒废弃物填埋场中的 3 个都位于以非裔美国人为主的社区，尽管黑人在全区人口中的比例只有 20%。❶ 沃伦抗议将"环境种族主义"拉进公众视野，标志着环境正义运动在全国范围内展开。15 年后，北卡罗来纳州才开始花费 2500 万美元采用焚烧消毒的方法，将沃伦县的多氯联苯填埋场进行清理消毒。

同样受到沃伦抗议的影响，基督教联合教会种族平等委员会（1987年）发布题为《有毒废弃物和种族》的报告。此为第一个全国范围的将废物处理设施选址和当地人口特征结合起来的研究。该报告发现：在废物处理设施选址中，种族比贫穷、地价和是否拥有房产这些因素更准确地预测了最终选址结果。❷

（二）美国环境正义运动的发展

1991 年，首届全国有色人种环境领导人峰会在美国首都华盛顿召开。这是环境正义运动史上最重要的事件。9 月 27 日，与会代表发布环境正义17 条原则，大大拓宽了环境正义运动最初的社区反毒焦点，将公共健康、职业安全、土地使用、交通，住房、资源分配和社区赋权等都纳入了环境正义的纲领，并证明围绕环境和经济正义建立一个多种族的草根运动是完全可能的。❸ 该纲领在 1992 年即被翻译成西班牙和葡萄牙文并在里约的地球峰会上广泛传阅。自此，环保运动和平权运动走到了一起，演变为环境正义运动，最初的、局部的、单个事件的斗争发展成为多角度的、多种族的和多地区的运动。

轰轰烈烈的环境正义运动也引起了美国政府的关注。1992 年布什执政

---

❶ The US General Accounting Office. Siting of hazardous waste landfills and their correlation with the racial and socio – economic status of surrounding communities [R/OL]. 1983 [2016 – 01 – 23]. http：//archive. gao. gov/d48t13/121648. pdf.

❷ United Church of Christ Commission for Racial Justice. Toxic wastes and race：a national report on the racial and socio – economic characteristics of communities with hazardous waste sites [R/OL]. 1987 [2016 – 01 – 22]. http：//d3n8a8pro7vhmx. cloudfront. net/unitedchurchofchrist/legacy _ url/13567/toxwrace87. pdf? 1418439935.

❸ Delegates to the First National People of Color Environmental Leadership Summit. Principles for environmental justice [R/OL]. 1991 [2016 – 01 – 20]. http：//www. ejnet. org/ej/principles. html.

期间，联邦环保局的行政官员威廉·雷利（William Reilly）建立了环境公平办公室（1994 年克林顿执政时期更名为环境正义办公室），并发布题为《环境公平：降低所有社区风险》（Environmental Equity：Reducing Risk for All Communities）的报告，这是最早的研究环境风险和社会公平的综合政府报告之一。❶ 1993 年，联邦环保局根据《联邦顾问委员会法》成立 25 人的国家环境正义顾问委员会（National Environmental Justice Advisory Council，NEJAC）。国家环境正义顾问委员会由各方利益相关者组成，包括：草根社区组织、环境组织、非政府组织、国家、地区和部落政府、学者和工业企业。国家环境正义顾问委员会又分为六个子部门：健康与研究、废弃物和设施选址、执法、公众参与和责任、土著和原住民问题、国际问题。1994 年 2 月，7 个联邦机构，包括有毒物质和疾病注册管理局（Agency for Toxic Substances and Disease Registry ATSDR）、环境卫生科学研究院、联邦环保局、国家职业安全与卫生研究院、国家卫生研究院、能源部、疾病预防与控制中心，在弗吉尼亚的阿灵顿联合举办了国家健康论坛。这次研讨会的组委会很独特，因为它包括了草根组织领导、受害社区的居民和联邦机构代表，其目标是要将不同的利益相关群体和受到最大影响的人请到决策桌前。大会所提建议包括：进行有意义的健康研究以支持有色与贫穷人种；推进疾病和污染预防策略；推进部门间的协调以保证环境正义；进行有效的外联、教育和沟通；设计立法和诉讼弥补方案。❷

1994 年 2 月 11 日，克林顿签署 12898 号行政命令，全称为《解决少数族裔及低收入群体环境正义问题的联邦行动》（Federal Actions to Address Environmental Justice in Minority Populations and Low – Income Populations），要求所有联邦机构将确保环境正义纳入他们所有的工作和项目实施中。和该命令一起发布的备忘录指明要利用现有法律达成环境正义目标。12898 号行政命令进一步巩固了实行 35 年的民权法案第六条，禁止接受联邦资助

---

❶ BULLARD R. The quest for environmental justice：human rights and the politics of pollution [M]. Counterpoint Berkeley：Sierra Club Books, 2005：3.

❷ BULLARD R, JOHNSON G. Environmental justice：grassroots activism and its impact on public policy decision making [J]. Journal of Social Issues, 2000, 56 (3)：555 – 578：561.

的项目有任何歧视。该命令还将焦点聚集在《国家环境政策法》上，该法为环境的保护、维护和改善制定了政策，目的是要保证所有美国人享有一个安全、健康、多产、美丽并在文化上赏心悦目的环境。该法还要求联邦机构就有可能影响人类健康的联邦行动给出具体环境影响测评报告。12898号行政命令要求更准确地评估减少环境对人类健康负面影响的方法，改善有关少数派及有色群体承受风险的数据收集的方法，改善关于以野生鱼类和动物为主食的人所受环境影响的评估方法，并鼓励受影响群体参与评估的各个阶段。以野生鱼类和动物类为主食的人群受到12898号行政命令的特别关注，因为如果采用常见风险评估范例这些人就不会受到充分保护。❶

1996年，经过5年的努力，反毒市民组织（Citizens against Toxic Exposure）说服联邦环保局出资1800万美元资助弗罗里达州358户人家搬离一个二噁英堆积地，这是第一次在搬迁黑人社区中使用联邦政府的超级基金。超级基金于1980年由联邦政府设立，用以清理找不到责任人或责任人没有能力清理的被污染地区。

2002年10月，第二届全国有色人种环境领导人峰会在华盛顿召开。组织者计划接待500人，但实到14000人，代表了草根阶层、社区组织、宗教团体、劳工组织、民权组织、青年组织、学术团体，其中75%以上来自社区组织。第二次峰会聚集了老中青三代环境正义主义者，年轻人（未参加第一次峰会者）以2∶1超出老一代环境正义活动家。他们来自几乎所有的州及很多国家和地区，包括阿拉斯加、夏威夷、波多黎各、中美洲、南美洲、加勒比海、欧洲、亚洲、非洲，包括墨西哥、加拿大、牙买加、菲律宾、巴拿马、危地马拉、厄瓜多尔、印度、马绍尔群岛、英国。第一次峰会时只登记了300个环境正义组织，第二次峰会则有来自美国、加拿大和墨西哥的1000多个组织。第二次峰会还体现和承认了女性、年轻人和青年学生在环境正义运动中的突出作用。他们在全国募集资料文件，得到了有关儿童哮喘、能源、交通、军事废弃物、清洁生产、棕地再开

---

❶　CLINTON W. Federal actions to address environmental justice in minority populations and low - income populations ［R/OL］. 1994 ［2016 - 07 - 03］. https：//www.epa.gov/environmentaljustice/learn - about - environmental - justice.

发、可持续农业、人权、职业健康等方面的资料。与第一次环境峰会时不同，第二次峰会时，美国已经有了十几个组织网络、4 个环境正义研究中心、不断增长的大学环境正义法律援助服务，密歇根大学还开设了有关环境正义的硕士和博士学位。第一次峰会时，只有罗伯特·布拉德的《迪克西的倾倒》这一本有关环境正义运动的学术专著，第二次峰会时有几十位作者分享了自己的研究和著作，这些著作促进了环境正义理论和政策的发展，并为社区和大学联手进行法律诉讼提供了指导。

第二届全国有色人种环境领导人峰会之后，环境正义运动继续发展，随着经济全球化、美国产业空心化、环保法律、政策的制定与实施，美国国内污染问题得到了一定程度的缓解。环境正义运动也相应地调整了自己的方向，由主要的反对不公平的社区污染到争取环境有益设施的公平分配。随着"环境"这一概念的扩展，环境正义的诉求也转向诸如交通公平、住房公平这些有助于建设可持续社区的措施。同时，美国环保局也在将环境正义纳入联邦政府各部门的日常工作、促进联邦各部门之间协作方面持续努力。2014 年，在克林顿发布 12898 号行政命令 20 周年之际，联邦环保局制定了 2014 环境正义行动计划（Plan EJ 2014），该计划目标有三：1. 保护过多承担环境恶的社区的环境和人类健康；2. 加强社区改善自身环境健康的力量；3. 在本地、州、部落和联邦政府与组织之间建立协作关系，建立健康、可持续的社区。

环境正义从以社区反毒为主的狭义环境正义开始，经过三十年的发展，目前已成为美国各级政府日常工作中的重要议题。其内涵也逐渐宽泛，指向所有社区与自然环境之间的协调发展。

三、环境正义运动和现代环保运动、民权运动的联系与区别

（一）环境正义运动与现代环保运动的关系

美国现代环保运动的思想基础是深生态学以及利奥波德的土地伦理，是人们对待自然的态度上的转变。20 世纪 60 年代之前，自然被认为是为人所用的资源，工厂、企业将其看作可开发利用的物质资源，诗人、哲学

家将其看作精神力量的来源。资源与荒野保护运动正是致力于保护这一宝贵资源,通过合理的、适度的开发,甚至是停止开发,使人们的资源利用更加有效、更加持久。现代环保运动却将自然看作共生环境中与人平等的一员,有其自身伦理价值和权利,应该得到人类的承认和尊重。在现代环保主义者看来,自然环境的多样性和各物种之间的联系是其固有特征,任何破坏此多样性的行为都是不道德的,并且物种之间的联系使得对自然环境的破坏最终导致人类自身的毁灭。可见,现代环保运动的着眼点是人与自然之间的关系,这里的自然仍是远离人群的山川河流、树林荒野及生活在其中的野生物种。而环境正义运动关注的更多的是人与人之间的关系,是将环境问题扩展至都市生活,在这里,社会正义、文化观念、价值观等起到了更大的作用。在环境正义运动初期,相对于环境恶的消除,人们更加关注对环境恶的平等分配。所以,以白人精英为主导的美国现代环保运动最初对环境正义运动是排斥的,主流环保组织人员的构成和主要诉求,都与低收入群体、少数族裔群体相去甚远。但是,随着环境正义运动由地区性的、单个事件为基础的抗议运动发展为有着统一纲领的、多角度、多种族的、多地区的运动,现代环保主义运动和环境正义运动开始交融,两者发现了越来越多的共通之处,从世界范围来看,保护环境最好的方法是尊重所有的人。例如,在撒哈拉以南的非洲,女性在维系作物多样性方面扮演了主角。在农业专家们种植的经济作物旁边的空地上,女性栽培了多达120种不同的植物。她们将其用作食物、药物。自然经济中的女性也是森林资源的积极管理者,她们从森林中获取了几乎所有生活必需品,却未对森林造成不良影响。但是发展主义经济模式以单纯的效率、盈利为目标,推广大面积的单一作物种植模式,挤压了女性与自然的互动空间,同时也造成了对女性生存权利的侵犯,所以,尊重女性将会限制现金导向的农业并推进生物多样性的发展❶。同理,尊重少数族裔、原住民等的权利也有助于环境保护,环境正义运动和现代环保运动殊途同归,正如有学者

---

❶ 温茨 P. 现代环境伦理 [M]. 宋玉波,朱丹琼,译. 上海:上海人民出版社,2007:297-321.

指出的，环保运动与环境正义运动似乎是天然的同盟者。一个致力于保护环境，促进环境完整性；另一个致力于使人人享有健康、友好的生活环境。这不可能是两种不同的社会运动，而应是一个运动中的两个方面❶。

但是，需要指出的是，从现代环保运动到环境正义运动是美国环保思想的又一次转变，人们关注的对象从自然转向社会，从自然环境问题转向环境问题视角下的社会正义问题。这并不意味着，美国现代环保主义运动演化为环境正义运动。美国现代环保运动自从 20 世纪 60 年代开始以来，一直保持着自身的稳定性，其人员构成、主要环保组织、主要工作策略等并没有根本的改变，它只是在环境正义运动兴起后，在一定的社会压力与合作尝试中，吸纳了环境正义运动的思想，开辟了与环境正义运动诉求相重叠的新领域。可以说，自从 20 世纪 80 年代美国环境正义运动兴起、发展以来，现代环保运动和环境正义运动是并行发展的。两者在多个领域发现了合作的基础，这必将加强双方的力量，是一种共赢的组合。

（二）环境正义运动和民权运动的关系

民权运动和现代环保运动同时发生在 20 世纪六七十年代，但当时二者并无交集。前者是有色人种反对歧视、争取平等社会权利的斗争，后者是白人精英反思人与自然的关系、改善自然环境的努力。事实上，民权运动在一定程度上导致了更多的环境问题，从而加剧了少数族裔社区的环境负担。由于民权运动强调的是平等就业机会、平等受教育机会等社会公平，其目标是提高少数族裔的经济地位、政治影响力等，所以，就业成为民权运动的首要议题。许多黑人社区极力吸引工厂、企业进驻，他们认为增加的就业和税收足以抵消随之而来的环境风险，黑人也只能在"工作还是环境"的困境中进行取舍。由于黑人整体上受教育程度较低，更多地集中在低工资、低技能、高风险、劳动力储备充足的行业中，这种情况在一定条件下甚至构成了"环境敲诈"，黑人实质上已经失去了选择的自由。环保

---

❶ SANDLER R，PEZZULLO P C. Revisiting the environmental justice challenge to environmentalism [M] //SANDLER R，PEZZULLO P C. Environmental justice and environmentalism：the social justice challenge to the environmental movement. Cambridge，Massachusetts：The MIT Press，2007：1.

法规和职业安全法规在黑人社区也往往得不到很好的执行，人们有时甚至将它们和失业直接联系起来。

20 世纪 80 年代开始，随着环境问题在少数族裔社区不断恶化，出现了一些黑人活动家，他们将环境权益看作民权的一部分，认为环境保护和社会正义并非水火不容，而是可以兼顾的。在 1983 年召开于新奥尔良的都市环境大会上，黑人工会和环保组织之间达成了联盟。❶ 越来越多的草根组织在其领袖的组织下，诉诸抗议、示威、法律诉讼等，在争取环境平等方面取得了可观的进展。如 1983 年，阿拉巴马州的全部是黑人人口的特里阿纳镇从奥林化学公司赢得了 2300 万美元的庭外和解赔偿，该公司对当地居民赖以生存的饮用水、盛产鲶鱼的池塘造成了严重污染，该池塘里的鲶鱼是这个低收入社区居民膳食中蛋白质的主要来源。1985 年，经过多年的抗议、示威、政治施压和法律诉讼，德克萨斯州黑人占多数的西达拉斯居民获得了近 2000 万美元的庭外和解赔偿，用于补偿他们尤其是儿童受到的铅中毒影响。这些成果也极大地提升了受害群体的环境意识，坚定了他们的维权信心。在政府层面，国会中的黑人党团会议也越来越明确了自己在投票选举中的"亲环保"策略。

环境正义运动的主要力量也是直接由民权运动转借而来。20 世纪 80 年代，环境正义运动初期的主要人物都是来自教会的民权运动活动家，他们在民权运动中积累了丰富的斗争经验。1982 年的沃伦抗议就是由民权运动家本杰明·查韦斯领导的，他同时是基督教联合教会种族平等委员会的主任。该组织还进行了环境正义运动历史上影响最为深远的调查，并发布著名的调查报告《有毒废弃物和种族》。在民权运动中成长起来的黑人政治领袖在环境正义运动中也起到了关键的作用，如 1992 年，曾积极参加20 世纪 60 年代民权运动的乔治亚州众议员约翰·刘易斯（John Lewis）向国会提交了环境正义法提案。虽然该法案未被国会通过，但是"对环境正义的诉求为民权运动注入了新鲜血液"，因为它让人们意识到"享有环境

---

❶　BULLARD R, WRIGHT B. Environmentalism and the politics of equity: emerging trends in the black community [J]. Mid-American Review of Sociology, 1987, 12 (2): 21-37.

权益是所有人的基本权利，而不是少数人的特权"❶。

民权运动因其对经济地位因素的侧重曾经助长了少数族裔、低收入社区的环境污染问题，但是，随着环境正义运动的进一步发展，人们环境意识的提高，民权人士将环境权益纳入社会正义的考量，在很大程度上化解了环境和就业这两者之间的矛盾。民权法案也成为环境正义诉讼最常利用的武器，因此，环境正义运动也被认为是民权运动的延伸。

第三节　环境正义运动中政府与社会的互动

美国的环保运动一直是在压力作用下的政府与民众之间的互动发展。民众对环境污染的强烈不满及对环境负担公平分配的呼声会对政府形成决策压力，同时，联邦及各级政府的政策无疑也会对环保运动和环境正义运动产生巨大的影响。从某种意义上说，美国环境正义运动的发生也有着美国联邦政府政策导向的原因。继尼克松任期的环保十年，80年代里根和布什执政时期，美国发生了一股环保逆流，在联邦层面结束了环保政策大发展、环保呼声日益高涨的时代。同时，由于环境管制相关部门的人员裁减、预算的大幅缩减，全国范围的环保工作陷入困境，环境污染恶化，环境不平等加剧，从而催生了环境正义运动。90年代克林顿时期环境正义运动迎来了自己的黄金发展时期。联邦政府通过发布总统行政命令、各机构重组等方式表达了对环境正义问题受害群体的关注。但是21世纪以来的小布什政府时期，环境正义运动又一次遭受挫折。2008年奥巴马执政以来，环境问题、环境正义问题才重又回到联邦政府的重要日程之中。通过对20世纪80年代以来美国历届政府的环保政策的考察，可以更清晰地看到美国环境正义运动的发生与发展轨迹。

一、里根政府的新联邦主义

20世纪70年代的尼克松时期被称为美国的"环境十年"。60年代美

---

❶　COLE L, FOSTER S. From the ground up: environmental racism and the rise of the environmental justice movement [M]. New York: New York University Press, 2001: 21.

国高涨的环保主义思潮将环境问题不容忽视地摆在政府面前，尼克松总统做出了积极的反应。首先，1970 年他签署了《国家环境政策法》，这部法案被认为是美国的"环境大宪章"，规定所有机构在采取对人类环境质量有重要影响的一切联邦重大行动时都应制作联邦环境影响报告书。随后尼克松又签署了《清洁空气法》《水污染控制法》《噪声控制法》《濒危物种法》和《安全饮用水法》等。另外，尼克松在 1970 年向国会递交了第一份《国家环境质量年度报告》，开创了美国总统向国会递交环境质量年度报告的先例。

但是，1981 年开始执政的里根政府却在环境领域总体表现出消极态度。这首先与当时美国的经济状况是分不开的，里根的环境政策变革是其经济改革的一部分。20 世纪 70 年代后期，美国发生了严重的经济滞胀。始于 30 年代罗斯福新政的凯恩斯主义主张国家干预经济，经过几十年的发展，慢慢形成了政府机构庞大、人员冗杂、管理低效的特点，对自由经济的发展确实形成了一定的阻碍。70 年代后期，美国通货膨胀率和失业率均高达 7% 以上，同时，政府开支急剧增长，财政负担越来越重。里根在就职演说中说，"政府不是解决我们各种难题的良药，政府本身就是需要解决的问题"。另外，里根政府还认为，尼克松时期建立起来的一整套环境政策法规虽然在一定程度上改善了美国的环境状况，但环境保护的费用却日益增加。根据美国环境质量委员会的测算，美国为履行各种联邦环保法律及条例，每年要花费 400 多亿美元。根据美国经济学家对管制成本的量化分析，管制机构每花 1 美元的管理费用，私营企业的履行费用就高达 20 美元。如此高昂的政策成本使得企业不堪重负，纷纷推迟或取消发展规划。这对秉承经济增长优先原则的里根政府来说，是得不偿失的。❶

里根上台伊始，便大刀阔斧地进行改革。他首先对环保机构进行重组，将他认为重叠的机构撤销或合并。然后又将内政部和环保局的任命进行撤换。卡特政府时期，联邦政府的许多要职由环保人士担任，而里根则将他们替换成了与商业集团紧密联系的人。所以，里根时期的反环保逆流

---

❶ 徐再荣. 里根政府的环境政策变革探析［J］. 学术研究，2013（10）：118 – 126.

主要由在 60、70 年代的环保主义运动中利益受到损害的造纸、化工、能源、汽车、伐木、采矿等企业发起。他们声称污染控制占用了大笔资金，减缓了经济发展速度，而且一系列环保法的规制严重影响了企业的自由生产经营。著名反环保主义领导人让·阿诺尔德认为，如果按照环境保护主义的路子走下去，在 20 年内，美国整个工业和私有财产将会消失殆尽。❶另外，里根政府将环境质量委员会的职员削减了一半多，其预算被削减了72%。环保局的总就业人数从 1981 年 1 月的 14269 人锐减到 1982 年 11 月11474 人。环保局总部的雇员则从 4700 人减少到 2500 人。环保部门的大幅度人员削减无疑会大大降低其行政能力。

里根对环保预算的削减也是其环境政策的一大特点，也是不通过立法而达到减弱环境管制目标的手段。1970 年到 1980 年，环保和资源项目的开支从占联邦总预算的 1.5% 增加到 2.4%，但 1983 年则下降到 1.5%，到1984 年则进一步下降到 1.2%。根据国会预算办公室对环保局在空气质量、水质量、危险废弃物和有毒物质方面管制项目的分析，从 1983 年到 1984年，这 4 个项目的实际开支减少了 17%，这 4 项分别减少了 14%、33%、10% 和 9%。❷

最后，里根政府奉行的新联邦主义主张向各州转移环境管制职能。里根的总统经济顾问委员会在 1982 年提交给总统的经济报告中也认为，"要逐渐依靠州和地方政府行使必要的政府职能"。里根将环保项目权限逐步转移至各州，将《清洁空气法》《饮用水安全法》中的有关防止空气恶化、管理有害废弃物和地下水污染控制项目等逐步转移给更多的州进行管理。同时，还放松联邦对各州管制活动的监督，放松或取消联邦制定的项目的标准。更糟的是，联邦环境管制职能向州政府的转移伴随着联邦对各州资助预算的削减。如从 1981 年到 1984 年，各州在水污染治理方面获得的资助减少了 53%，同期在空气污染治理方面的资助减少了 33%，而在 1982年，平均每个州在空气污染治理方面的经费 45% 来自联邦资助，水污染治

---

❶ 王昊. 20 世纪 80 年代美国反环保主义力量及其对环保政策的影响 [J]. 兰州学刊, 2007(12)：168 - 170.

❷ 徐再荣. 里根政府的环境政策变革探析 [J]. 学术研究, 2013 (10)：121 - 122.

理方面达到 46%❶。在治理责任转移和资金资助减少的双重压力下，在
1984 年，有 25 个州都报告了 63% 的有关废弃物治理的资金短缺。因此，
里根政府在环境政策上的新联邦主义与其说是将联邦的环境责任转移到各
州，还不如说是联邦政府对自己的环境责任的逃避。其中，里根政府的环
境政策在公共健康的保护领域尤其让人担忧。美国审计署在 1986 年 12 月
报告说，大量的危险废弃物场所根本还没有被确定，美国环保局负责危废
物确定的官员说"我们是已经确定了可能造成危险的废弃物场所中的 90%
还是 10%，环保局并不知晓"❷。

　　里根政府的新联邦主义指导下的环境政策变革不仅汇集了经济实力雄
厚的各行业企业，还得到了不少工薪阶层和小土地所有者的支持，其中工
薪阶层由于企业成本增加而面临失业、收入减少，小土地所有者由于环境
保护而被限制了土地处置权。面临国内的反环保运动，保守派总统里根在
环境外交方面也采取了消极、甚至是倒退的政策。里根上任后不久就废除
了卡特政府时期的关于加强政府对于出口有害物质的控制等措施。1982 年
10 月美国在联合国大会《世界自然宪章》的投票中，投了唯一的反对票，
并且决定在 1982 年财政年度里，对联合国环境规划署的资金援助减少
80%。在美加酸雨问题上，美国也否认了前届政府认为美国的污染物殃及
加拿大的说法。❸

二、克林顿时期的美国环境正义运动大发展

　　1992 年布什执政的末期，美国环保局局长威廉·雷利建立了环境公平
办公室（1994 年克林顿治下，该办公室改名为环境正义办公室），并发布
题为《环境公平：降低所有社区风险》的报告（Environmental Equity：Re-
ducing Risk for All Communities），这是最早的研究环境风险和社会公平的

---

❶ 徐再荣. 里根政府的环境政策变革探析 [J]. 学术研究，2013（10）：123.

❷ United Church of Christ Commission for Racial Justice. Toxic wastes and race：a national report on
the racial and socio - economic characteristics of communities with hazardous waste sites [R/OL]. 1987
[2016 - 01 - 22]. http：//d3n8a8pro7vhmx. cloudfront. net/unitedchurchofchrist/legacy _ url/13567/
toxwrace87. pdf? 1418439935.

❸ 徐蕾. 二战后美国环境外交发展问题浅析 [J]. 前沿，2011（14）：162 -165.

综合政府报告之一。❶

1993 年美国环保局根据《联邦顾问委员会法》成立 25 人的国家环境正义顾问委员会（National Environmental Justice Advisory Council，NEJAC）。该委员会由各方利益相关者组成，包括：草根社区组织、环境组织、非政府组织、国家、地区和部落政府、学者和工业企业。NEJAC 又分为六个子部门：健康与研究、废弃物和设施选址、执法、公众参与和责任、土著和原住民问题、国际问题。

1994 年 2 月，7 个联邦机构，包括：有毒物质和疾病注册管理局、环境卫生科学研究院、联邦环保局、国家职业安全与卫生研究院、国家卫生研究院、能源部、疾病预防与控制中心在弗吉尼亚的阿灵顿联合举办了国家健康论坛。这次研讨会的组委会很独特，因为它包括了草根组织领导、受害社区的居民和联邦机构代表，其目标是要将不同的利益相关群体和受到最大影响的人请到决策桌前。大会所提建议包括：进行有意义的健康研究以支持有色与贫穷人种；推进疾病和污染预防策略；推进部门间协调以保证环境正义；进行有效的外联、教育和沟通；设计立法和诉讼弥补方案。❷

1994 年 2 月 11 日，克林顿签署 12898 号行政命令，"解决少数族裔即低收入群体环境正义问题的联邦行动"，要求所有联邦机构将确保环境正义纳入他们所有的工作和项目实施中。和该命令一起发布的备忘录指明要利用现有法律达成环境正义目标。"环境和民权法规为纠正少数族裔和低收入群体所遭受的环境风险提供了许多机会。利用这些法规应该是政府管理者阻止将上述群体置于过高的负面环境影响的努力的一部分。"❸

12898 号行政命令进一步巩固了实行了 35 年的《民权法案》第六条，禁止接受联邦资助的项目有任何歧视。该命令还将焦点聚集在《国家环境

---

❶ BULLARD R. The quest for environmental justice：human rights and the politics of pollution [M]. Counterpoint Berkeley：Sierra Club Books, 2005：3.

❷ BULLARD R, JOHNSON G. Environmental justice：grassroots activism and its impact on public policy decision making [J]. Journal of Social Issues, 2000, 56（3）：555 – 578.

❸ CLINTON W. Presidential memorandum accompanying Executive Order no. 12898 [R/OL]. 1994 [2016 – 08 – 12]. http：//www. environmentaldefense. org/documents/2824_ExecOrder12898. pdf.

政策法》上，该法为环境的保护、维护和改善制定了政策，目的是要保证所有美国人拥有一个安全、健康、多产、美丽并在文化上赏心悦目的环境。该法还要求联邦机构就有可能影响人类健康的联邦行动给出具体环境影响测评报告。12898 号行政命令要求对减少环境对人类健康负面影响的方法进行更准确的评估，改善有关少数族裔及有色群体承受风险的数据收集的方法，改善评估方法，以更准确地认识以野生鱼类和动物为主食的人所受到的环境影响，并鼓励受影响群体参与评估的各个阶段。以野生鱼类和动物类为主食的人群受到 12898 号行政命令的特别关注，因为如果采用常见风险评估范例这些人就不会受到充分保护。❶

克林顿时期，环境正义运动虽然在联邦立法和司法层面没有出现大的进展，但在联邦行政部门却得到了足够的重视。这在环境正义运动史上也是不可多得的大发展时期。

三、小布什时期美国环境正义运动的挫折

虽然克林顿时期美国环境正义运动一度占据了联邦政府工作日程的重要位置，但 2000 年之后，随着小布什入主白宫，环境正义议题便在联邦环保局内部遭到了预算削减、项目取消等挫折。2004 年 3 月，联邦环保局总检察长办公室发布了一份报告，题为《联邦环保局需要持续贯彻总统行政命令有关环境正义的目标》，对布什政府的环境正义工作进行总结，认为联邦环保局"对自己的工作职责缺乏清晰的认知，未能发展出综合有效的工作策略，也未制定出必要的价值、目标、预期与绩效评估方法……因而未能将环境正义纳入自己的日常工作中去"❷。

2005 年 7 月，美国政府问责办公室（Government Accountability Office，GAO）发布报告，题为《联邦环保局在制定清洁空气条例时应该多加关注

---

❶　CLINTON W. Federal actions to address environmental justice in minority populations and low – income populations ［R/OL］. 1994 ［2016 – 07 – 03］. https：//www. epa. gov/environmentaljustice/learn – about – environmental – justice.

❷　BULLARD R，MOHAI P，SAHA R，et al. Toxic wastes and race at twenty：why race still matters after all of these years ［J］. Environmental Law，2008，38（371）：383.

环境正义问题》，同样对联邦环保局进行了批评。2005 年 12 月，联邦环保局不顾多方的强烈抵制，宣布修改有毒物排放登记制度（Toxic Release Inventory，TRI），决定5000 多家年排放化学物质达 2000 磅的公司可以不再提交详细的排放报告，另有近 2000 家年排放化学物质达 500 磅的公司也被免除以上义务，而这些公司排放的化学物质中包含对人类健康危害相当严重的铅和汞。其他的修改包括将本来的一年一次报告改为两年一次、提高必须申报的有毒物排放量、取消某些强制性工业排放申报。由于这些变化所导致的可用有毒物排放数据的减少，其他联邦环保局环境正义项目也间接地受到了削弱。❶

联邦环保局如此放松环境管制，不但大大减少了有关环境正义测算的信息，而且也并没有为企业节省多少开支。根据 GAO 的估算，联邦环保局的新规使得社区所能利用的信息锐减，而每家企业因此节省的钱却平均只有 900 美元。直到 2006 年，联邦环保局仍然在全国范围内大规模地取消或减弱实施已久的环境正义项目。其西北区办公室甚至宣布撤销基层的办公室，将办公室主任的职位取消，将负责环境正义项目的人员分配至其他项目中去。❷

四、奥巴马时期美国环境正义运动的复苏

2008 年，民主党候选人奥巴马入主白宫，环境正义运动随即迎来了又一个蓬勃发展的时期。奥巴马新任命的联邦环保局局长丽莎·杰克逊（Lisa Jackson）也是一名非洲裔美国人，她对环境正义问题尤为关注。她努力拓宽与环保主义者之间的对话，将实现环境正义作为自己的工作重点之一。在杰克逊的推动下，联邦环保局发布了一系列的新政策、新措施及重要文件，实质性地推动了环境正义工作在实际政策中的落实。2009 年，联邦环保局发布《环境正义资源指南：社区与决策者手册》，为个人、社区组织、地方官员及其他非政府组织提供他们可以利用的项目信息，帮助

---

❶ BULLARD R, MOHAI P, SAHA R, et al. Toxic wastes and race at twenty：why race still matters after all of these years ［J］. Environmental Law, 2008, 38 (371)：384.

❷ Ibid. 385.

他们获得联邦的资助项目、培训机会及其他技术支持。2010 年，联邦环保局发布《行动方案制定中环境正义问题处理指南》，提出了具体的战略，以指导环境正义社区发表意见、修正联邦环保法规及政策。

联邦政府关于环境正义所进行的规模最大的、影响最深远的工作是制定了《环境正义计划：2014》。这是联邦环保局在 2011 年到 2015 年期间，为将环境正义纳入自己所有的政策、项目、活动中所制订的计划，同时，该计划也是对 1994 年克林顿总统发布的 12898 号行政命令的 20 周年纪念。《环境正义计划：2014》的目标是：1. 保护重负担社区的环境及这些社区居民的健康；2. 增强社区自身改善环境及居民健康的能力；3. 建立联邦政府、州政府、地方政府、部落政府及其他组织之间的合作，共同建设可持续发展的健康社区。《环境正义计划：2014》包括三部分主要内容：1. 确定实施环境正义的重点工作领域。这些重点工作领域包括在规则制定中、在许可证发放中、在支持以社区为基础的活动中贯彻环境正义；2. 开发环境正义工具，例如通过科学研究更好地将物理学、社会学的理论与知识运用于环境正义工作中去；挖掘适用于环境正义案例的法律条款；开发更加综合、高效的，适用于全国的地理信息数据库，以便更好地辨认、筛选环境重负担社区；开发更为有效的途径，向环境重负担社区提供资金及技术上的支持；建立更为有效的机制，使得环境正义工作人员更加多样化；3. 调整现有联邦环保局项目执行方法，使其兼顾环境正义目标的达成。❶

《环境正义计划：2014》是一个有关联邦环保局如何解决环境正义问题的详细的路线图。从表 2－1 中可见，以上各项工作都有更加具体的实施方案，并规定了具体环保部门来负责。《环境正义计划：2014》规定了年度报告制度，要求联邦环保局每个财政年度结束时发布一份报告，对上一年联邦环保局所取得的成绩、所接受的教训和所面临的挑战做出总结，并制订下一步的工作计划。

---

❶ The US EPA. Plan EJ 2014 ［R/OL］. 1993 ［2016 - 02 - 01］. https：//www. epa. gov/environmentaljustice/learn - about - environmental - justice.

表 2 - 1　全国有毒物质及疾病登记中心环境正义工具

环境正义计划（2014）工作要点	主要负责办公室及地区
在规则制定中纳入环境正义考量	化学安全和污染防治办公室；政策办公室；研发办公室；环境正义办公室；第 9 区
在许可证发放中纳入环境正义考量	空气与放射性办公室；总顾问办公室；第 1 区
在促进守法与执法中推进环境正义	守法与执法办公室；第 5 区
支持以社区为基础的项目	固体废弃物与紧急回应办公室；第 2，3，4 区
推进联邦环保局全局联合行动	水务办公室；第 6 区
科学工具开发	研发办公室；第 7 区
法律工具开发	总顾问办公室；第 5 区
信息工具开发	政策办公室；环境信息办公室；第 3，8，9，10 区
资源工具开发	行政与资源管理办公室

LaToria Whitehead, "the Road Towards Environmental Justice: From a Multifaceted Lens", Journal of Environmental Health, 77 (6), 2015.

2016 年 10 月，联邦环保局在《环境正义计划：2014》的基础上发布了《环境正义：2020 行动计划》（以下简称《行动计划》），作为联邦环保局从 2016 年到 2020 年针对环境正义问题的工作计划。《行动计划》的目标是：在未来 5 年，联邦环保局将环境正义工作推进到一个新的高度，并使所有美国人的生活环境和公共健康状况出现一个更加明显的改善。同时，联邦环保局将会继续加强与社区、其他政府部门及利益相关群体的合作，这是实现环境正义目标的关键所在。❶

纵观 20 世纪 80 年代以来美国联邦政府对环境正义运动的政策反应，可以看到一个清晰的"两落两起"的轨迹。总的来说，共和党执政时期，政策倾向于保守，注重市场经济的自由发展，尽量减少国家干预，而在这种情况下，环境问题往往恶化，环境分配的不平等加剧。民主党执政时期，则有着较强的自由主义倾向，主张国家加强管制，倾向于通过国家干预的手段，实现社会利益和负担的再分配，从而促进平等。可见，无论环

❶　The US EPA. EJ 2020 action agenda [R/OL]. 1993 [2016 - 01 - 03]. https：//www. epa. gov/environmentaljustice/learn - about - environmental - justice.

境正义问题如何紧迫，来自民众的呼声如何强烈，美国政府的政策反应总是和自身所代表的党派意识形态及其背后的主要利益分不开。公众压力对政府环保机制的调整有一定的影响，但是该机制调整更多地取决于各界政府的政策导向和利益定位。可以看出，民主党受到了明显的罗尔斯正义论的影响，在保证所有人平等享有广泛存在于基本自由体系之内的权利的同时，兼顾结果的平等。也就是说，由于出身及天赋的差异，人们往往会在一个任由个人发展的纯粹自由体系内分化出巨大的差异，允许这种差异存在并发展下去，处于劣势的人势必失去自由体系之内的基本权利，这样，平等原则将受到伤害。因此，根据罗尔斯正义论的第二条原则，即差别原则，国家和政府应该进行权利与义务的不平等分配，以使这种分配符合社会上最小受惠者的利益最大化，从而兼顾自由和平等。罗尔斯的正义论与环境正义的思想有着较高的相关度，也正是环境正义运动的理论基础。

小　结

本章梳理了美国自进步主义时期以来的环保思想演变和环保运动发展，分析了 20 世纪 80~90 年代美国环境正义运动的历史背景，阐明了其与美国现代环保运动及民权运动之间的区别与联系。从资源与荒野保护运动到现代环保运动的发展体现了人们对待自然的态度的转变。资源与荒野保护运动将自然环境看作是为人所用的资源，对其进行保护是为了更好地、更持续地利用它们，而现代环保运动将自然看作与人平等的共生环境中的一员，其自身的存在与完整性应该得到人类的尊重。从现代环保运动到环境正义运动的发展体现了人们的关注点从人与自然的关系转向人与人的关系。环境问题从一个偏重自然科学的问题转变为一个有关公平与正义的社会问题。在这三个阶段、两次转变的过程中，环境正义的思想萌芽于第一阶段，在时间上与美国历史上的进步主义时期重合。当时的急剧恶化的城市环境一度引起了人们的极大关注，催生了大批的公共健康、城市环境职业人士。但环境正义运动真正发展成为一个声势浩大的社会运动却是在一个世纪后的 20 世纪 70~80 年代。人们环境思想的成熟、平权思想的普及以及随着科技与经济发展进一步恶化的环境问题共同促成了美国环境正义运动的发生与发展。在美国环保思想历经三个阶段、两个转变的过程中，可以看出美国社会越发凸显的社会不平等和底层民众日益高涨的要求正义的呼声。从利用自然到尊重自然的转变展现了现代社会权利主体不断扩大的趋势。在法律意义上，美国的权利主体实现了从白人男性、妇女到少数族裔的延展。现代环保思想认为权利也应该由自然界中所有生物及无生命物质所享有。从人与自然之间的关系转向人与人之间的关系，凸显了在资本主义生产方式下，人与人之间矛盾越发尖锐，不平等日益加剧的现实。

美国联邦政府的环境政策一方面是对于来自社会的环保呼声的回应；另一方面在很大程度上也决定了环境问题和环境正义问题的发展方向。从尼克松时期的环保10年，到里根与布什时期的环保逆流，从克林顿时期的环境正义运动大发展到小布什时期环境正义运动的挫折，再到奥巴马时期环境正义运动的复苏，美国政府的环境政策表现出清晰的两起两落轨迹。从中可以看出明显的美国政府的党派特征。罗尔斯的《正义论》出版于20世纪70年代，正是资本主义面临重重危机之时，其"最小受惠者利益最大化"的原则为弱者争取基本权利、保障基本自由提供了理论工具，也为国家干预、调节经济、对利益与责任进行再分配提供了理论指导。环境正义运动是社会公平、社会正义在环境问题中的体现，在一定程度上体现了环境史和社会史的融合。

第三章　美国环境不正义的表现形式

　　与环境正义的概念相对，环境不正义即指在环境法律、法规、政策等的制定和执行中，不同的人群，例如，不同肤色、不同经济收入或不同性别的人群受到了不公平的待遇或未进行有效参与。具体地说，特定的人群承受了与其人口不成比例的、来自工业、商业及政府行为或政策的负面环境后果，同时，政府在政策制定过程中，没有充分、公平地考虑不同人群，尤其是有可能受到不良后果侵害的人群的意见，或者没有为受影响者参与决策提供便利，甚至阻挠他们参与决策。由于环境的概念在美国环境正义运动中发生了扩展，不同人群也有着历史的、地理的、社会的等种种差异，环境不正义的表现形式也呈现出极大的多样性。在有毒废弃物的分布方面，可以清晰地看到有毒物分布和种族等社会因素的相关性，即不同人群暴露在有毒废弃物中的程度不同，且与其人口在美国总人口中所占比例不一致。另外，在建成环境，如交通设施、城市的无序发展及公园绿地等的建设中，不同人群也受到了不同的影响，有的人受益，有的人受害，这也可以认定为是一种环境不正义。最后，政府与社会在应对、管理、处理环境风险的过程中，也表现出一定的不平等。

第一节　不同群体在有害环境中暴露程度的不平等性

　　污染企业的选址从来都不是随机的，与一个地区的毒理学、流行病学及水文学特征有一定的关系，但是，大量调查显示，污染物的何去何从与种族、经济地位等社会因素是密切相关的。在美国，黑人、拉美裔、亚裔、印第安人等少数族裔受到的高污染产业及有毒废弃物设施的影响大大高于其在美国总人口中所占的比例，这在 20 世纪 80 ~ 90 年代的美国，是不争的事实。同时，由于各少数族裔有着不同的历史、传统，其分布地域、就业领域有着不同的特点，他们所遭受的环境不正义也各有不同。具体来说，黑人承受了过多的工作场所环境侵害、工业化学生产过程中的废弃物污染以及物质消费之后所产生的废弃物污染。拉美裔移民由于大量从事农业生产，所以遭受的环境不正义多表现为杀虫剂、除草剂及其他农药的过多侵害，并且由于拉美裔移民无合法身份者众，其在遭遇过多环境侵害时无法有效地保护自己。同时，由于近年来美国西部、西南部的都市地区出现了拉美裔逐渐替换黑人的现象，拉美裔移民的反抗不平等待遇的力量由于其社区的人口不稳定性受到了进一步的削弱。北美印第安人则由于政治、经济力量的绝对弱势，沦为美国核工业污染、核废料污染的主要受害者。他们所遭受的环境侵害被认为是世界范围内核殖民主义的一部分。

一、黑人与工业和化学污染

黑人自南北战争后，随着南方大种植园经济的解体和资本主义大机器生产的发展，开始大批涌入工厂。20 世纪 50 ~ 60 年代以来，美国的石油化工产业得到了迅速发展，尤其是在水资源和矿产资源丰富、交通便利的地区，棉织业、印染业、日化业等高污染企业聚集。具有这种地理特征的地区在全美各处均有分布，但只有南部密西西比河流域的路易斯安那州成了广为人知的"癌症带"。

（一）黑人与生产过程中的污染

20 世纪之前，美国 90% 的黑人生活在南部各州。随后，在南部黑人歧视法造成的种族隔离和北方更多的就业机会双重作用下，发生了历史上的黑人大迁徙。大批的黑人离开世世代代生活的家园，到北部、西部以及中西部寻找就业机会。但是，时至 20 世纪末，仍然有大量的黑人生活在美国南部各州。由于历史的原因，南部各州一直被认为是落后地区，黑人整体上低于白人的受教育程度、收入水平和预期寿命，而婴儿死亡率却高于全国平均水平。这里是美国国内的第三世界，自然而然地成了整个美国有毒废弃物的倾倒地。路易斯安那州由于毗邻密西西比河，有着优越的交通条件，而墨西哥湾的丰富石油为石化企业提供了充足的原材料。"二战"后，路易斯安那州迅速成长为美国第二大成品油生产基地，20 世纪 70 年代，从贝顿鲁格到新奥尔良的 85 英里长的河段两岸，分布着 136 个石化工厂，平均半英里多一点就有一座化工厂或炼油厂，这里生产了全美国五分之一的石化产品。相应地，这里的空气、土壤和水中充满了致癌物。2000 年，南部研究院发布的报告显示，路易斯安那州的环境质量在全美国排名第 50 名。从 1990 年到 2003 年，该州共发生 5375 起化学事故，全美排名第二。联邦环保局于 1989 年开始有毒物排放记录登记制度，路易斯安那一直在废弃物的产生和污染物排放方面高居榜首，其人均排放量也是全国最高的。一项有关有毒物排放量与地区种族构成之间关系的研究显示，联邦环保局列出的密西西比河石化带有毒物排放量最高的九个教区都是非洲裔美国人聚居的地区，这九个教区中所有黑人的 80% 都居住在距离污染设施 3 英里以内的区域❶。1999 年 6 月的一份《新奥尔良时代小报》这样描述当地人的生活：

> 路易斯安那州诺扣镇钻石社区的居民受到了壳牌化工厂和壳牌炼油厂的前后夹击，终日与他们为伴的是震耳欲聋的噪声、刺鼻难闻的气味和能够置人于死地的化学物质。从他们的窗户看出去，满眼是一个石油化工企业的烟囱、储存罐和高塔。时不时猛烈窜出的火焰让人猝不及防，有时整个晚上都是这样。大货车装着剧毒的化学原料从他们的社区穿过，晚上常有莫名其妙的轰隆声震得他们的房子瑟瑟发抖。一股股怪味飘进他们的家里，让他们感到头疼，呼吸困难。❷

钻石社区的居民以黑人为主。1988 年，壳牌炼油厂的一次爆炸事故导

❶　WRIGHT B. Living and dying in Louisiana's 'cancer alley'［M］//BULLARD R. The quest for environmental justice：human rights and the politics of pollution. Counterpoint Berkeley：Sierra Club Books，2005：93－95.

❷　Ibid，96.

致 8 人死亡，20 多人受伤，4500 多人被迫转移。居民们决定起诉壳牌炼油厂，要求工厂购买居民的地产，帮助居民搬离该地区。这场官司一直打了14 年，直到 2002 年，壳牌炼油厂才同意出资，向无论是选择留下还是离开的居民提供合理的经济补偿。类似的社区还有很多，他们的共同点是黑人为主，贫困率高，受到严重健康侵害，诉诸法律，大规模搬迁。如果能够大规模搬迁，便算是黑人在法律上的胜诉，但是在搬迁之前，他们付出了巨大的健康和经济代价，搬迁之后，他们又失去了自己的传统与根基，一个又一个可追溯至内战时期的南部黑人社区就是这样消失的。❶

（二）黑人与有毒废弃物

生产过程中的污染并不是黑人面临的唯一环境困境，高污染企业往往也是高排放企业，有的企业（如染料生产企业）所排放的固体、液体有毒物质甚至几倍于生产的成品。大量的有毒废弃物除了被直排、偷排至附近的河流，渗入地下外，有相当一部分被纳入了联邦环保局的监管之下。这就是经过联邦环保局批准的，受到联邦环保局全程监管的非现场危险废弃物设施，简称危废设施（treating, storing and disposing, TSD），包括填埋场、焚化炉、地表拦蓄池等。1982 年的沃伦抗议直接促使国家审计署（General Accounting Office）在 1983 年发布了题为《有害废弃物填埋场的选址及其与周围社区种族和经济情况的关系》的报告。该调查覆盖区域为美国东南部 8 个州（阿拉巴马、弗罗里达、佐治亚、肯塔基、密西西比、北卡罗莱纳、南卡罗莱纳和田纳西），这 8 个州构成了美国联邦环保局在全美国范围内所划分出的第四区（region 4）。调查集中在该区域内的四个垃圾填埋场：阿拉巴马州萨姆特县的化学废料管理公司、南卡罗莱纳州切斯特县的工业化学公司、南卡罗莱纳州萨姆特县的 SCA 服务公司、北卡罗来纳州沃伦县的多氯联苯填埋场。这些全都是非现场垃圾填埋场（offsite land-fills）——独立于且不毗邻于任何工业设施的垃圾填埋场。报告发现，第

---

❶ WRIGHT B. Living and dying in Louisiana's 'cancer alley' [M] //BULLARD R. The quest for environmental justice: human rights and the politics of pollution. Counterpoint Berkeley: Sierra Club Books, 2005: 98.

四区 8 个州中的四个目标填埋场中，有三个位于以黑人为主的社区。在所有四个社区中，至少 26% 的人口收入低于贫困线，这部分人口中的大多数是黑人，他们的收入中数低于所有种族放在一起计算的收入中数。❶

同样受到沃伦抗议的影响，基督教联合教会种族平等委员会于 1987 年发布了题为《有毒废弃物和种族：危险废弃物所在地的种族和社会经济特点》的全国调查报告。这是第一份全国范围内的有关少数族裔社区危险废弃物的相关调查。调查分两部分，一部分调查了商业危险废弃物设施（有偿接受危险废弃物的设施）；另一部分调查了无人管理的有毒废弃物场所（对当前或未来人类健康和环境有害的已关闭或被离弃的设施，1985 年联邦环保局登记在册的有 2 万个）。该报告的主要发现有：在全国范围内，种族（人口中的少数族裔占比）与商业危险废弃物设施的位置最相关；拥有最多危险废弃物设施的社区其种族性也最高，拥有两个或以上商业危废设施，或全国 5 大填埋场之一的社区其少数族裔占比是无此类设施社区的少数族裔占比的三倍之多（38% vs 12%）；拥有一个商业危废设施的社区其少数族裔占比是无此类设施社区少数族裔占比的两倍（24% vs 12%）；全国最大的 5 个商业危险废弃物填埋场中的 3 个都在黑人或西班牙语裔社区，这 3 个填埋场占全国商业填埋量的 40%。无人管理有毒废弃物设施所在社区的人口也是以黑人和其他少数族裔为主。❷

二、拉美裔农场工人和新移民与农药污染

（一）拉美裔农场工人与农药污染

早在 20 世纪 60 ~ 70 年代美国现代环保主义兴起的时候，有关杀虫剂

---

❶　The US General Accounting Office. Siting of hazardous waste landfills and their correlation with the racial and socio – economic status of surrounding communities ［R/OL］. 1983 ［2016 – 01 – 23］. http：//archive. gao. gov/d48t13/121648. pdf.

❷　United Church of Christ Commission for Racial Justice. Toxic wastes and race: a national report on the racial and socio – economic characteristics of communities with hazardous waste sites ［R/OL］. 1987 ［2016 – 01 – 22］. http：//d3n8a8pro7vhmx. cloudfront. net/unitedchurchofchrist/legacy _ url/13567/toxwrace87. pdf? 1418439935.

的担忧和辩论就已经受到联邦政府的重视。但是，当时人们关注的重点是，杀虫剂的大量使用如何导致了大量野生鸟类和鱼类的死亡，正如蕾切尔·卡逊在《寂静的春天》里所描述的。这正是典型主流环保主义者的关切，他们眼中的环境仍然局限在远离人群的自然、荒野及生活在其中的野生动植物，他们并未察觉同样暴露在农业化学药剂中的农场工人的健康问题。

20 世纪 90 年代，美国约有 400 多万农场工人，其中至少 2/3 是移民，80%来自墨西哥。他们在自己从事的农业劳动中接触了过多的有毒物质，如杀虫剂、除草剂等的伤害。1996 年，农场工人的死亡率为十万分之 20.9，而所有行业的平均死亡率只有十万分之 3.9。同年，联邦环保局报告每年美国至少有 30 万例农场工人杀虫剂中毒事件，❶ 由于很多原因，如语言障碍、对雇主报复的惧怕以及医生漏诊或不愿将疾病与杀虫剂的使用相联系，很多病例并没有被报告出来，因此，这一数字被认为是远远低于实际情况的。有关该问题的研究也往往局限于急性病例，至于接触杀虫剂所引起的长期的、慢性健康影响，则几乎没有任何研究。❷

美国很多州并没有任何法律保护农场工人免受有毒物质侵害，即便是在有相关法律的州，法律也往往得不到实施。例如，法律虽然规定雇主必须向工人提供操作有毒物质的培训并提供必要的防护设备，但是不履行这些义务的雇主往往只是得到一个"违法通知"，而没有受到任何实质性的惩罚。因此，农场工人的平均预期寿命只有 49 岁，他们的感染性疾病、慢性疾病发病率、营养不良、婴儿和产妇死亡率都远远高于全国平均水平。

20 世纪 60 年代，美国农业生产中的杀虫剂、除草剂使用发生了爆炸式增长，随后的商业性农业生物技术使农场工人的处境雪上加霜。例如，

---

❶ VIDA T. Chicano environmental justice struggles in the southwest [M] // BULLARD R. The quest for environmental justice: human rights and the politics of pollution. Counterpoint Berkeley: Sierra Club Books, 2005: 189.

❷ GOTTLIEB R. Forcing the spring: the transformation of the American environmental movement [M]. Washington D. C. : Island Press, 2005: 314.

转基因作物对各种农业化学制剂的抵抗性大大增强，这使得在农业生产中对农业化学制剂的使用更加肆无忌惮，但是农场工人的耐药性并没有提高。由于他们中的大多数居住环境比较简陋，很多人，尤其是新移民或者非法移民，住在拥挤的工棚中，没有供暖、供水及卫生间设备，他们无法通过有效的清洗降低在工作过程中所接触的有毒物质对健康的伤害。另外，他们即便是看到了明显的工作中使用农业制剂对自己健康的负面、甚至是严重影响，也往往因为自身的非法移民身份、新移民身份、受教育程度低导致的维权能力较弱以及语言障碍而无法有效地进行申诉或主张赔偿，这进一步助长了农业雇主对工人健康的忽视。

（二）拉美裔新移民

拉美裔移民在20世纪后半叶迅速增加，最终超过黑人成为美国人数最多的少数族裔。相应地，美国西南部的许多社区，尤其是南加州的都市地区，出现了拉美裔逐步替换黑人的现象。美国人口最为稠密的大城市，如洛杉矶、圣安东尼奥、纽约、圣地亚哥和凤凰城的中心城区都出现了大规模的拉美化。曼纽尔·帕斯特（Manuel Pastor）等的研究表明，一个社区如果正在或刚刚经历大规模的人口变动，那么该社区更有可能被定为危废设施所在地。这或许是因为人口的大规模变化会削弱社区内部居民的政治和社会联络，使得该社区失去原有的组织能力和抵制危废设施建设的能力。相反，历史悠久的或者比较单一的少数族裔社区相比而言不太容易成为危废设施所在地，因为居民们有着高度统一的归属感、认同感，有着相同的历史背景、文化遗产，他们的语言交流无障碍，这些都极大地增强了一个社区的凝聚力，使得他们在共同斗争中能够同仇敌忾。帕斯特的研究还表明，正在经历人口变动的社区更为脆弱，而且在黑人和拉美裔人口分别占44%和48%时，社区的脆弱性也达到顶峰。拉美裔移民作为新涌入美国的移民群体，他们所在的社区恰恰都是正在或刚刚经历人口变动的社区，例如，洛杉矶中南部地区在20世纪最后的30年中迅速地由黑人为主转变成拉美裔为主。帕斯特将该地区1970年到1990年的人口种族变化作为一个变量，观察了1970年之前和1970年之后出现的危废设施的分布，

结果显示了高人口变化区域和新建危废设施的高度相关性。❶

三、印第安人与核污染

(一) 印第安人与铀矿开采

印第安人是美国比较特殊的一个少数群体。其他族裔均是来自世界各地的移民,印第安人却是美洲大陆的原住民。在哥伦比亚发现美洲之前,他们就世世代代生活在这片土地上,有的部族还处在母系氏族阶段,过着原始的集体主义生活,以打猎和少量的农业为生,无个人土地所有权或财产权的概念。美国在建国后,尤其是内战结束后的西进运动中,打着"天定命运"的旗帜,将印第安人一步一步地迁往西部、西南部一些自然条件不太好的区域。1980 年的人口普查显示,美国印第安人占总人口数量的0.8%,占比最高的州分别是新墨西哥、南达科达、俄克拉荷马、亚利桑那、蒙大拿和北达科达。20 世纪的印第安人仍然在很大程度上保留了自己的传统生活方式,以打猎和少量农业为主、对自然的索取只为满足基本生活所需、对土地、山川、风等自然现象有着绝对的尊重。《西雅图酋长的宣言》因为犀利批判了欧洲白人对自然的藐视和践踏而被主流环保主义者奉为印第安人与自然和谐相处的明证。但是,自"冷战"开始,美国对铀矿的开采与大量核试验的推行却将有着浓重浪漫主义色彩的印第安人卷入了环境污染的急流险滩中。

20 世纪 50 年代,铀矿热席卷了美国西南部。随着美国在冷战背景下对核武器发展和核能项目的鼓励,美国西南部地区开采了成百上千的铀矿。1965 年,亚利桑那州的可可尼诺县一个县就生产 36 万磅的氧化铀。截至 1960 年,单是拿瓦由部族的土地上就生产了 6 百万吨的铀矿石。虽然60 年代早期,供应核武器制造的铀矿生产已经过剩,但是随后人们对核能发电的发展预期在 70 年代又保持了铀矿开采的势头。到 1977 年,新墨西

❶ PASTOR M Jr., SADD J, MORELLO – FROSCH R. Environmental inequity in metropolitan Los Angeles [M] //BULLARD R. The Quest for environmental justice: human rights and the politics of pollution. Counterpoint Berkeley: Sierra Club Books, 2005: 108 – 124.

哥州已经在生产全美国一半的铀，并且当时人们的预期是核能发电的增长将会使铀矿开采量在未来 10 年翻倍。由于铀矿所在区域印第安人口相对较多且此人群在经济、政治等方面均处弱势，铀矿开采和加工雇佣了大量的当地印第安人。在工作过程中，政府和企业并未提供及时、足够的、有关放射性物质对人体健康影响的信息。70 年代之前，印第安工人在工作时甚至没有防护服或其他防护性装备，而他们往往被分派到暴露程度最高的工作岗位。短期工人常常携家带口，居住在矿区附近，他们的家人，尤其是儿童，在玩耍时就会接触到铀矿残渣。废弃的铀矿像大地身上的一道道伤疤，无人管理，暴露在地表的放射性物质会对生活在那里的未来几代人造成健康的破坏。西部铀矿开采是盎格鲁大工业势力盘剥美洲原住民及其土地的典型案例。拿瓦由部族甚至有一句谚语，"谁惹了铀谁就悲伤遭难"。实际上，从铀矿开采获利的出资方并未承担这个灾难。拿瓦由部族活动家迈克尔·比盖尔把自己的族人比作"冷战中沉默的勇士"❶。

（二）印第安人与放射性物质泄漏

铀矿开采过程中与放射性物质的接触只是印第安人所承受的环境不正义的一部分，铀矿残渣、残液储存设施发生事故造成放射性物质泄漏会在瞬间造成严重的环境、健康危机。美国历史上最为严重的一次放射性物质泄露就发生在新墨西哥州盖勒普县。1979 年 7 月 16 日，联合核能公司位于该县车迟洛克的铀残液排放池突然决口。1000 吨固体放射性废弃物和 9300 万加仑酸性放射性残液流入普俄可河，一直流到 80 英里之外的亚利桑那州拿瓦由人居住地，一路堵塞排水系统，渗入浅表地下水，并在普俄可河两岸留下无数残液水洼。当地政府虽然通过广播警告居民不要饮用、也不要让牲畜饮用河水，但许多拿瓦由人并不懂英语，对放射性物质的危害性也浑然不觉。几天后，联合核能公司才派出小分队处理该事故，但这时，伤害已经在大范围内发生了。该泄漏事件造成 1700 人无清洁饮用水，

---

❶ GOTTLIEB R. Forcing the spring: the transformation of the American environmental movement [M]. Washington D. C.: Island Press, 2005: 324 – 326.

毫无防备的人们在河里正常消夏休闲后感到脚部灼热，后发生严重感染，有人甚至需要截肢。经检测，泄漏事件发生后，普俄可河水的放射性是正常标准的 7000 倍，当地生产的牛肉中放射性核素大大超出其他地区生产的牛肉，50 年代之后拿瓦由人的癌症发病率明显高于全国平均水平。❶

(三) 印第安人与核废料

铀矿开采是整个核产业过程的第一步，所产生的污染也只是印第安人遭受的环境歧视的一个开端。更严重的不公平出现在大量核废料的处理中。核工业蓬勃发展的最初 40 年间，美国没有规范核废料处理的相关法律。无论是军方的核武器生产，还是民用的核电站，其产生的废料都由生产者暂时存放在生产设施周围。但是随着核废料越来越多，对其进行妥善处理无疑摆在了联邦政府的议事日程上。1970 年，能源部估计，来自商业核反应堆、政府研究核反应堆以及核潜艇的废核燃料有 56000 吨，而核武器生产产生的高放射性核废料有 22000 吨。70 年代，国会在重重压力下开始正视核废料问题。1982 年，国会通过核废料政策法案 (Nuclear Waste Policy Act，NWPA)，要求能源部为废核燃料找到一个永久储存点。1987 年，该法的一个修正案终止了所有其他备选地点的调查，唯一保留的是内华达州的尤卡山地区。该地区虽然被能源部认定是联邦政府管辖的地区，但是这里却是肖松尼族印第安人世代栖息的地方。尤卡山被作为废核燃料永久储存地的决定受到了内华达州、西肖松尼族人和环保主义者、反核组织者的强烈反对。1987 年核废料政策法案修正案还要求能源部选址兴建用来暂时存放废核燃料的可监测可收回储存设施 (monitored retrievable storage，MRS)。该措施于 1991 年 5 月 3 日向全国所有的州、县及 535 个获得联邦政府承认的美洲印第安部落发出征集倡议，并许诺向入选地提供分三个阶段的调查补偿金及最终的赔偿。对 MRS 项目表示出兴趣的，大多数都是印第安社区。申请第一阶段补偿金 (10 万美元) 的 20 个社区中，16 个

---

❶ Wikipidia. Church rock uranium mil spill [G/OL]. 2015 [2016 - 04 - 12]. https：//en. wikipedia. org/wiki/Church_Rock_uranium_mill_spill.

是印第安社区；申请第二阶段补偿金（20 万美元）的 9 个社区全部都是印第安社区；申请第三阶段补偿金（预计为 280 万美元）的 2 个社区是分别位于新墨西哥州和内华达及俄勒冈州的印第安社区。但是第三阶段的赔偿金最终由于国会停止了对该项目的拨款而没有兑现。❶

　　联邦政府寻找可监测可收回储存设施点的尝试失败后，一些核能公司和几个印第安部落开始直接谈判。1996 年，位于犹他州盐湖城西南约 45 英里处的斯卡尔谷哥舒特族印第安人宣布他们的保留地愿意接受临时存放的高放射性废核燃料，这是废核燃料中最危险、活性持续时间最长的一种，其危险性能够持续几十万年。斯卡尔谷哥舒特族印第安人（Skull Valley Band of Goshute Indians）的人口只有 124 人，拥有一块 18000 英亩的保留地。这里荒凉、贫瘠、干旱，但是也正是极端艰苦的自然条件挡住了欧洲裔美国人的扩张。到 19 世纪 40 年代摩门教派大规模进驻以前，这里的哥舒特人一直得以保持自己的传统生活方式。他们以打猎和采集为生，随着季节的变换迁徙，表现出了高超的适应环境的技巧。19 世纪晚期，联邦政府曾计划将他们迁走，与另一支印第安部落合并，但由于哥舒特人的激烈反对，最终他们获得了联邦政府的承认，但是原本在盐湖、图乐县及斯卡尔谷周边大范围地区内活动的哥舒特人，最终获得的保留地只是没有什么农业发展价值的一小块地。从此，在犹他州以摩门教为主的白人眼里，他们成了近乎隐形的人。白人带来的马匹和骡子改变了当地的生态，使得哥舒特人的采集生活越发艰难。因此，1996 年，同意临时存放高放射性废核燃料的决定使得这个小部落一下子进入了县、州及联邦层面政治家们的视线。

　　哥舒特人的政治首领作出了接收高放射性废核燃料的决定，这个决定遭到了他们的保留地所在的县、州政府官员和环保主义者，甚至是该部落内部印第安人的反对。犹他州州长麦克·李维特于 1997 年发布了一个州行政命令以阻止该核废料设施，并在犹他州的环保部门组建新的办公室，专

---

❶　ISHIYAMA N. Environmental justice and American Indian tribal sovereignty: case study of a land-use conflict in skull valley, Utah [J]. Antipode, 2003: 120 - 139.

门负责此事。但是哥舒特人部落主席却认为他们的决定以及决策方式与多年来当地的政治经济生态完全一致，并且合理合法。首先，获得联邦承认的印第安部落享有部落主权，相当于美国内部的独立民族，有权力决定保留地范围内一切事宜，不需要征求附近县或州的意见；其次，犹他州图乐县在"二战"结束后很快就变成了生态不友好设施的聚居地。斯卡尔谷保留地周围有好几个联邦军事领地，这里经常进行露天神经毒剂试验、生化武器试验以及有毒废弃物的焚烧。图乐县的德斯利特化学仓库储存着768400枚充满沙林气体的炮弹，29600枚充满芥子气的炮弹和22700枚充满乙基毒气的地雷。1968年的一次神经毒气泄漏曾导致6000头羊死亡。图乐县政府为了一些短期的经济补偿允许在当地焚烧化学武器，等等。在所有这些设施建设的决策过程中，州政府和县政府从未邀请过哥舒特人的参与。因此，哥舒特人部落主席认为他们有权力决定自己保留地范围内的事情，并且接受高放射性核废燃料的决定与当地多年来的发展模式是一致的。❶

不同种族、阶层的人群在有毒有害环境中的暴露程度不同，这早已成为不争的事实。2003年8月，环境正义与健康联合会对疾病控制与预防中心的研究结果进行了种族因素分析发现，非西班牙裔黑人更有可能接触到二噁英和多氯联苯（两种主要的工业化学污染物），且接触程度更高；墨西哥裔美国人更有可能接触到杀虫剂、除草剂和驱虫剂且接触程度更高；非西班牙裔黑人和墨西哥裔美国人更有可能接触到罕见化学物质且接触程度更高；非西班牙裔黑人接触到的化学物质数量最多。❷ 大量的研究显示了同样或者相近的结果，由此，美国主流观点认为，环境正义问题带有鲜明的种族性。黑人、拉美裔移民和印第安人等少数族裔遭受了形式不同，但本质相同的环境不正义。与此形成鲜明对照的是，对于每一种不正义，美国主流环保组织都有自己独特的关切，如他们对杀虫剂的反对主要基于其对野生鸟类、鱼类的毒害及其导致的害虫耐药性提高及更大范围的生态

---

❶ ISHIYAMA N. Environmental justice and American Indian tribal sovereignty: case study of a land-use conflict in skull valley, Utah [J]. Antipode, 2003: 120-139.

❷ BULLARD R. The quest for environmental justice: human rights and the politics of pollution [M]. Counterpoint Berkeley: Sierra Club Books, 2005: 27.

破坏；他们对核能开发的反对主要基于铀矿对自然景观的破坏及对整个人类生存环境的污染。他们坚持将少数族裔受到的更多的环境侵害认为是社会正义问题，而不是环境问题，从而使得美国主流环保主义运动仍然保持其白人特征。环境正义运动将社会因素纳入环境问题的范畴，从而促进了环境史和社会史的融合。

第二节　建成环境的不公正性

1991 年，在首届全国有色人种环境领导人高峰会议上，环境正义活动家阿尔斯顿（Dana Alston）首次将"环境"定义为"我们生活、工作和玩耍的地方"❶。简言之，环境正义问题所讨论的环境，指的是人们周围的所有事物，涉及日常生活各个方面，包括人工建造的环境。环境正义运动有力地将人们的视线从荒野和自然转移到了自己居住的社区，使人们意识到保护环境不光是保护野生动物的栖息地，还要保护人类自己的家园。在高度城市化的美国，家园常常存在于城市中心以及城市周围的郊区。具体地说，"建成环境"（built environment）指为人类活动提供场所的人造环境，小到建筑物、公园、绿地，大到整个社区、城市以及城市里的基础设施，如交通设施、供水系统和能源网络。更加宽泛的建成环境还包括健康食物的获取、社区花园建设、一个社区的步行舒适度（walkability）和自行车舒适度（bikeability）。这才是人们天天生活在其中的真正的"环境"，对人类的健康与福祉有着巨大的影响。❷

一、生活便利设施在不同社区的不平等分布

在环境正义运动早期，无论是受害群体、社会组织，还是学者，大家关注的主要是有毒有害物质在弱势群体社区不成比例地分布，以及对这些

---

❶ GOTTLIEB R. Forcing the spring: the transformation of the American environmental movement [M]. Washington D. C.: Island Press, 2005: 34.

❷ Wikipedia. Built Environment [G/OL]. 2015 [2016 - 03 - 24]. https://en. wikipedia. org/wiki/Built_environment.

群体的健康侵害。从 20 世纪 90 年代后期开始，人们逐渐意识到，环境中有益设施的分布同样存在不平等。

（一）食品环境的不平等性

"二战"后，美国联邦政府鼓励人们购买住房、投资兴建高速公路的一系列政策措施及银行在放贷过程中实施的种族歧视都有力地推进了白人中产阶级逃离城中心，到郊区购买住房的过程。同时，城市中心慢慢沦为主要由贫穷的少数族裔构成的贫民区，这里的各项基础设施由于资金不足而年久失修，得不到应有的维护，从而更加无法吸引高收入人群和公司。更为严重的是，教育质量下滑，形成了内城衰败的恶性循环。零售商本能地被经济条件较好的人群和较为廉价的土地所吸引，也逐渐从内城迁往郊区。社区环境的好坏关系到居民的人身安全、营养状况、运动机会等，这些都是维持健康的重要因素。在一个社区中，大型超市、杂货店、便利店及各种饭店的分布与数量可以被看作该社区的食品环境。莫兰德和华英调查了马里兰州、明尼苏达州、密西西比州和北卡罗来纳州 216 个社区中的大型超市、饭店和其他食品经销商的分布，发现大型超市持续迁往郊区，使得内城居民不得不更多地依赖食品种类较少、价格较高的小型食品店。美国众议院的一项调查显示，城区居民在其社区的小型杂货店购买相同食品所花的钱，比在郊区大型超市购买要多付 3% ~ 37%。大型超市里的食品除了价格便宜以外，健康食品的种类也更多，因此，政府助长郊区蔓延的政策有可能在很大程度上影响了内城居民的日常饮食选择。莫兰德和华英的研究表明，最富有的社区所拥有的大型超市的数量是最贫穷社区的 3 倍，而最富有社区的酒吧和小型杂货店的数量分别是最贫穷社区的1/3 和 1/2。以白人为主的社区总计 259500 的人口却享有 68 个大型超市。平均而言，黑人社区中每 23582 人拥有一个大型超市，而白人社区中每 3816 人便拥有一个大型超市。❶

---

❶ MORLAND K, WING S. Food justice and health in communities of color［M］//BULLARD R. Growing smarter: achieving livable communities, environmental justice, and regional equity. Cambridge, Mass: the MIT Press, 2007: 171 – 188.

由于交通条件极大地影响了一个人能够离家多远去购买食物，该研究基于 1990 年人口普查的数据，还调查了不同社区居民私家轿车的拥有状况。调查发现，在每一个收入阶层，黑人社区没有私家轿车的比例都高于白人社区。同时，大约有 70% 的社区并没有任何公交设施。莫兰德、华英和迪耶兹在 2002 年的一项后续调查中发现，在同样的家庭收入、教育背景下，在拥有同样种类的食品店的情况下，一个黑人社区是否有大型超市与其居民的饮食习惯是否健康非常相关。居所周围有至少一个大型超市的黑人，报告自己每天至少吃两份水果、三份蔬菜的人数，比居所周围没有大型超市的黑人要多 56%。有关其他健康饮食习惯的指标比较，也凸显了大型超市的存在对黑人日常饮食习惯的积极作用。一个社区的食品环境在很大程度上决定了居民的日常饮食是否健康，继而影响到整个人群的健康状况。城市中心区域大型超市的缺乏使得居民过多地依赖小型杂货店、快餐店和加油站的小店，这些地方出售的食品多是高脂肪、高热量和高糖的方便食品，且价格相对较高❶。长期生活在这样的建成环境中的人们，事实上是遭受了另外一种环境不正义。

（二）公园、绿地等分布不平等

联合国发布的《儿童权利宣言》认为，儿童玩耍的权利是一项基本人权。在公园里自由玩耍的简单快乐与儿童的健康权、休闲权及其他权利息息相关。人类对公园、休闲场所、运动场所的需求构成了其享有健康生活的必要条件。20 世纪末、21 世纪初，美国人整体上趋于肥胖、缺乏运动，与此相关的疾病发病率上升，如果持续下去，世纪之交这一代人很有可能成为美国历史上第一代平均寿命短于其前辈的人。每年美国在医疗方面的支出超过 1 千亿美元。糖尿病、心血管病等与不健康的生活方式密切相关的疾病正在缩短这一代儿童的寿命，并降低他们的生活质量。这种情况在城市地区，尤其是有色人种、贫困人群聚居的社区尤为明显。例如，加利

---

❶ MORLAND K, WING S. Food justice and health in communities of color［M］//BULLARD R. Growing smarter: achieving livable communities, environmental justice, and regional equity. Cambridge, Mass: the MIT Press, 2007: 181.

福尼亚州有 27% 的儿童超重，40% 的儿童处于亚健康状态。2003 年，全州只有 24% 的五年级、七年级和九年级的学生达到了最低健康标准，而在洛杉矶（有色人种比例高于州平均）联合学区，只有 17% 的五年级学生、16% 的七年级学生和不到 11% 的九年级学生达到了最低健康标准。在超重儿童比例最高的地区，有色人种的比例也最高。超重和亚健康状态的儿童更有可能患糖尿病、肺病、哮喘和癌症。因此，儿童更有可能受到这些疾病的更为长期、相应也更为严重的影响，如截肢、失明及死亡。由于学校预算的不断缩减及学业标准的不断提高，学校里的体育教育受到了前所未有的挤压。[1]

更多的户外活动时间能够改善健康状况，促进儿童的全面发展。美国越来越多的健康机构、教育机构认为应该增加投资，改善儿童课前、课间及课后的活动设施。有益的户外活动还能有效减少黑帮、吸毒、暴力、犯罪以及青少年的性行为。公园和其他公共休闲场所可以净化空气、减少洪涝、提升地产价值、促进旅游业发展、制造就业机会、降低医疗支出。公园及其他公共休闲场所使得人们有了平等互动的机会，在一些户外体育活动中，人们更容易打破种族和阶层的藩篱，在这个意义上，公园促进了平等与民主的发展。因此，公园是人们生活环境的有益设施中很重要的一部分。但是，在美国许多的城市地区，公园的分布却表现出了明显的以种族、阶层为基础的不平等。

加西亚和弗洛丽丝以洛杉矶为例调查了都市地区公园的分布情况。[2] 2000 年，洛杉矶总人口 370 万，是美国第二大城市。其中 69% 是有色人种，45% 是西班牙语裔，只有 31% 是非西班牙语裔白人。《洛杉矶年鉴》显示，该市有 382 个公园、123 个休闲中心、52 个游泳池、28 个老年活动中心、13 个高尔夫球场、18 个日托机构、7 个露营基地。如果与美国全国范围的情况相比较，洛杉矶的公园及运动休闲场所是不足的，其人均公园

[1] GARCIA R, FLORES E. Anatomy of the urban parks movement: equal justice, democracy, and livability in Los Angeles [M] //BULLARD R. The quest for environmental justice: human rights and the politics of pollution. Counterpoint Berkeley: Sierra Club Books, 2005: 146.

[2] Ibid, 145 – 167.

面积低于美国所有其他主要城市。在缺乏足够运动休闲场所对人们生活质量造成的负面影响中，低收入及有色人群首当其冲。公园设施在不同社区的不平等分布并不是偶然形成的，而是长期的政府歧视性政策导致的。首先，用于公园设施建设的财政拨款并非按需分配，而是平均分配给全市 15个行政区域。许多内城区域的公园使用的人多，需要的维护人员也多，平均分得的财政拨款就显得不足了。其次，20 世纪后半叶，城市建设多发生在郊区，洛杉矶的《昆比法》规定，新建社区必须有配套公园设施。内城区域由于新建社区较少而基本没有享受到该法所提供的利益。另外，洛杉矶市鼓励公园商业性经营，鼓励收费项目，如网球场、高尔夫球场、手球场等，这进一步促使公园设施的分布向富裕社区及白人社区倾斜。对少年儿童来说，更糟的是学校操场开始减少甚至消失。随着新移民的涌入，内城区域的公立学校越来越拥挤，校方不得已增加的流动性教室几乎总是侵占学校的户外活动场所，因此，低收入社区和有色人种社区的学龄儿童实际上受到了市政公园和学校户外场所不足的双重侵害。这对他们的身体健康、社交能力及道德发展都有负面影响。

洛杉矶作为一个种族性较高的城市（有色人种占总人口 69%），每千人拥有公园面积不到 1 英亩，而国家休闲与公园协会制定的标准是每千人6~8 英亩。在洛杉矶市内部，公园设施的分布也不均衡。内城区域，每千人拥有公园面积 0.3 英亩，而其他较富裕、白人较多的区域，每千人拥有公园面积 1.7 英亩。❶

在环境正义运动早期，有学者将有毒有害废弃物在少数族裔及贫穷社区不成比例集中的原因归结为这些人群不关注自己生活环境的质量，甚至为了短期的经济利益自愿接受或不介意有毒有害废弃物被堆放在自家门口。在有关环境有益设施分布的辩论中，同样有学者认为少数族裔及贫穷社区并不愿意为公园等休闲设施交税，但是，加利福尼亚州 40 号提案（该提案为公园建设、清洁空气和清洁水提供了 26 亿美元的资金）的通过

---

❶ GARCIA R，FLORES E. Anatomy of the urban parks movement：equal justice，democracy，and livability in Los Angeles ［M］//BULLARD R. The quest for environmental justice：human rights and the politics of pollution. Counterpoint Berkeley：Sierra Club Books，2005：149.

有力地驳斥了这个看法。黑人选民中的77%、拉美裔选民中的74%和亚裔选民中的60%支持该提案，非拉美裔白人选民的支持率最低，只有56%。家庭年收入低于2万美元的选民中有75%、拥有高中毕业及更低学历选民中有61%都支持该法，这也是所有不同家庭年收入水平和不同受教育水平人群中比例最高的。❶ 少数族裔及贫困社区环境有益设施的相对缺乏不是偶然发生的，也不是这些人群的特殊偏好造成的，而是长期的、体制性的、不公平的社会资源分配规则导致的。

在公共卫生领域，居民的健康与福祉被认为是建成环境规划必须考虑的因素。是否可以方便地获取健康食物应该是建成环境质量的一个重要指标。较多便利店的存在与儿童肥胖相关，而增加社区中的大型超市及农夫市场会减少超重人群。此外，改善食品环境的措施还有社区花园（community garden）及学校花园（school garden）。社区花园通常是社区中的一片公共地块，分割成小块租给社区中住在公寓中或其他没有花园或后院的家庭，只收取水、电等基础设施维护费用。学校花园通常是在校园附近开辟的一块地，由学生耕种、收获。社区花园和学校花园能够提高参与耕种的居民和学生的蔬菜、水果摄入量，并且会对他们产生正面的心理影响，如降低压力、提高幸福感等。另外，一个社区的设计如果鼓励居民更多地步行或者骑行，那么该区居民往往会有更低的沮丧感、更少的酗酒行为及更高的社会财富。居民只有在有充足、安全的步行或骑行通道，并且有吸引人的目的地的情况下才会选择更多步行或骑行，显然，公园及其他休闲开放场所最有可能使人们进行这些健康运动。美国疾病控制中心（Center for Disease Control）在其"肥胖控制共同社区措施"中强调了有益的建成环境对降低居民肥胖现象的重要影响，这里的有益建成环境首先包括健康食物的获取和户外休闲活动场所。❷ 因此，美国都市地区，尤其是有色人种和

❶ GARCIA R, FLORES E. Anatomy of the urban parks movement: equal justice, democracy, and livability in Los Angeles [M] //BULLARD R. The quest for environmental justice: human rights and the politics of pollution. Counterpoint Berkeley: Sierra Club Books, 2005: 150.

❷ Wikipedia. Built Environment [G/OL]. 2015 [2016-03-24]. https://en.wikipedia.org/wiki/Built_environment.

贫困人口聚居的内城区域大型超市及公园绿地的相对缺乏已经构成了对附近人口的健康侵害，这已经成为环境正义运动中的一部分。

二、公平交通运动

黑人对交通公平的诉求在 20 世纪 60 年代触发了现代民权运动。1896年，最高法院在普莱西诉弗古森案的裁决中认可了公共交通设施上的种族隔离制度，按肤色划分座位区域的行为便在"隔离但平等"的伪装中得以制度化，并影响到教育等社会生活的其他方面。1955 年，在蒙哥马利市，黑人妇女罗莎·帕克斯（Rosa Parks）拒绝在公交车上将自己的座位让给一个白人男性，从而引发了轰轰烈烈、影响深远的民权运动。20 世纪 60年代初期，一批年轻的"自由乘客"冒着生命危险，乘坐灰狗公司的长途大巴到种族隔离制度根深蒂固的南部各州，挑战州际旅行中的交通等级及种族隔离制度。民权运动最终获得了胜利，击碎了各种种族隔离的指示牌，促进了教育、就业等领域的种族平等。但是，在 21 世纪美国的交通领域，少数族裔及贫穷人群面临的问题不再是公共交通工具上座位隔离的歧视，而是没有公共交通工具可以乘坐，这显然是个更加严重的问题。

交通问题吸引了多个研究领域的关注，如城市规划、公共卫生、反郊区蔓延、环保主义等。从战后直到 70 ~ 80 年代，随着大批白人中产阶级离开市区到郊区工作居住，美国基础交通设施建设一直偏向高速公路，而内城区，尤其是少数族裔和贫困社区的公共交通资源越发不足。关于这一点，主流环保主义者的观点与弱势群体的利益一致。他们反对私人轿车泛滥导致的空气污染、与郊区蔓延互为因果的高速公路建设及过多占用土地的大型停车设施。由于不同利益群体在交通问题上近乎巧合的一致诉求，1991 年的有关高速公路的立法首次遏制了高速公路的扩张，转向现有道路的维护，并将大量资源投向不同的、更加环境友好的交通方式建设。与此同时，环境正义组织也在积极寻求将交通公平问题纳入自己的工作议程。1994 年，克林顿总统发布 12898 号行政命令，要求联邦各部门将环境正义问题作为日常工作、决策等的考量之一。当时的黑人交通部部长罗德尼·斯雷特主办了一场研讨会，专门探索交通与环境正义之间的关系。2002

年，第二届全国有色人种环境领导人峰会召开时，交通公平已经被作为环境正义运动的中心议题之一，有关交通、郊区蔓延及巧增长的参考资料也已在编撰之中。❶

长久以来，美国被称为是"车轮子上的国家"，其纵横交错的高速公路网掩盖了交通设施建设中存在的公平问题。事实上，交通支出一直是普通家庭，尤其是低收入家庭的很大一笔支出。美国人在交通上的支出仅次于住房，高于其他任何家庭生活支出，包括食品、教育和医疗。平均而言，美国人在交通上的支出达家庭总支出的 19%，在美国东北部是17.1%，在美国南部（一半以上的黑人居住于此）是 20.8%。美国最贫穷家庭的交通支出占其家庭净收入的 40%。1992 ~ 2000 年，年收入低于 2 万美元的家庭的交通支出上涨了 36.5%，而在同一时段，年收入 7 万美元或以上的家庭交通支出的上涨只有 16.7%。❷ 私家轿车仍然是美国任何一个人群最主要的交通工具，拥有私家轿车无疑会极大地增加一个人的就业机会。从全国范围来看，没有私家轿车的白人家庭占所有白人家庭的 7%，而这一数字在亚裔家庭中是 13%，在拉美裔家庭中是 17%，在黑人家庭中是 24%。❸ 公共交通设施在少数族裔及贫穷人群聚居的内城区域的缺乏进一步加剧了社会、经济及种族的孤立。

交通支出成为少数族裔及低收入人群沉重负担的一个重要原因是联邦交通设施建设资金分配的不合理。联邦拨款直接拨给各州的交通部门，而许多州的交通部门对都市公共交通并不感兴趣。在全国范围内，80% 的地面交通建设资金用于高速公路，只有 20% 用来发展公共交通。虽然使用公共交通的人数远远低于使用小轿车的人数，但这很难说是公共交通发展资金不足的原因还是结果。现有的公共交通设施在服务方面往往将有色人种及低收入群体视为"刚性乘客"而不给予关注，却花费大量精力吸引白

---

❶ GOTTLIEB R. Forcing the spring: the transformation of the American environmental movement [M]. Washington D. C. : Island Press, 2005: 14.

❷ SANCHEZ T R, MA S J. Moving to equity: addressing inequitable effect of transportation policies on minorities [M]. Cambridge: Harvard Civil Rights Project, 2004: 36.

❸ PUCHER J, RENNE J. Socioeconomics of urban travel: evidence from the 2001 NHTS [J]. Transportation Quarterly. 2003, 57 (Summer): 49 – 77.

人、中产阶级这些所谓"弹性乘客"。都市公交系统确实对黑人非常重要，因为88%以上的黑人住在大都市区域，其中53%以上的黑人住在城市中心区域。黑人使用公共交通出行的可能性是白人的6倍。在城市区域，黑人和拉美裔占所有公交乘客的54%以上，他们是公交车乘客的62%，地铁乘客的35%，通勤轨道班车的29%。然而，随着郊区蔓延的不断发展，高速公路的飞速扩建，公交发展基金不断萎缩，甚至有的城市，如民权运动发源地蒙哥马利市在1997年彻底停止了其公交车运行体系，那位不愿将座位让给白人男子的罗莎·帕克斯现在根本没有公交车可坐了。❶

　　城市公交体系萎缩的严重后果之一是依赖公交的人群在空间上与工作机会的隔离。加利福尼亚大学洛杉矶分校的学者迈克尔·斯多尔发现，多于50%的黑人需要搬家才能形成居住地和工作机会所在地的合理分布，而白人需要搬家的比例比黑人要低20%～24%。2004年，基于创业机会、收入可能性及文化氛围，佐治亚州的亚特兰大市被评为"最适宜黑人居住的城市"，但是即便是在亚特兰大市，大多数的初级工作职位都位于公共交通可达地点的1/4英里之外。这里的家庭由于公共交通的缺乏需要每个月多支付300美元，一年就是3600美元。这并不是一个小数字，因为2000年的统计数字显示，亚特兰大大都市区的黑人收入只有白人收入的70%。伴随着城区公交服务恶化的是工作机会持续流向郊区。2000年的一项布鲁金斯研究院的研究显示，底特律市郊办公面积占整个大都会办公面积比为69.5%，亚特兰大市郊为65.8%，华盛顿市郊为57.7%，迈阿密市郊为57.4%，费城市郊为55.2%。如果没有私家车，到这些地方上班的可能性几乎为零，而通往郊区的公交车也几乎为零。❷ 以底特律为例，作为"汽车城"，2004年时，底特律是美国唯一一个完全没有公交服务体系的大都会。全国有色人种协进会底特律分会的总裁希斯特·惠勒说：

　　　　在底特律三分之一的家庭没有轿车。不幸的是公共交通他们

❶　SANCHEZ T R, MA S J. Moving to equity：addressing inequitable effect of transportation policies on minorities［M］. Cambridge：Harvard Civil Rights Project，2004：38.

❷　LANG R. Office sprawl：the evolving geography of business［M］. Washing，DC：Brookings Institution，2000：5.

也指望不上。你去不了机场，去不了郊外的大型购物中心，而正是这些地方的工作职位增长最快。底特律人税负很重，却连最基本的交通需求都满足不了。……同时，由于汽车保险公司的歧视政策，对于许多工薪家庭来说，拥有一辆车并为其上保险简直是太昂贵了，有时，保险费用甚至超过了买车的平均花费。如果你住在郊区，哪怕是个登记在册的酒鬼，付的车险费率也比住在城区里的最遵纪守法的司机要低。如果州政府强制人们买车险，那么也应该强制保险公司实行公平费率。车险费率应该建立在个人驾驶记录上，而不是一个人居住地区的邮政编码。❶

交通设施作为有益环境很重要的一部分，在贫困人口脱贫，进而享有健康、富足的生活的过程中扮演着不可替代的角色。优先发展高速公路及大型停车设施，削减公共交通预算造成了建成环境领域的环境不正义，其受害者又是聚居在大都会区域，尤其是城市中心地区的有色人种及贫困人口。对城区公共交通设施的投资和改善是实现建成环境领域环境正义的一个有效途径。

环境除了自然世界之外，还包括人们生活、工作、玩耍、学习的地方，充足的公园、绿地、运动场所，便利的、价格合理的日常购物场所及公共交通设施构成了城市居民生活的建成环境。环境正义运动从社区反毒开始，逐渐吸纳社会正义、城市规划、公共健康等领域所关注的问题，积极寻求与主流环保主义的共通之处，慢慢发展为一场全方位的、深入的、有着广泛统一战线的社会运动。

第三节　政府及社会应对环境灾害的不平等性

美国南部在历史上就是黑人的主要聚居地，密西西比河沿岸在"二

---

❶ BULLARD R. Smart growth meets environmental justice［M］//BULLARD R. Growing smarter：achieving livable communities, environmental justice, and regional equity. Cambridge, Mass：the MIT Press, 2007：40.

战"之后又成为美国有名的石化工业带，也被称为"癌症带"。20世纪80年代的几项重要调查，如美国审计署1983年的调查和基督教联合教会种族平等委员会1987年的调查都显示这里是美国最主要的有毒有害废弃物倾倒地之一。几十年来，这里一直都是环境正义运动的主战场。不幸的是，美国南部还是热带海洋飓风等自然灾害频发地。2005年8月，飓风卡特里娜袭击了新奥尔良市，随后的一系列政府的、商业的应对措施让人们意识到，防灾与救灾应该成为环境正义运动的新领域。如果说有毒有害废弃物在自家社区的存在相当于慢性灾难的话，那么飓风等自然灾害就相当于快放镜头中的有毒有害废弃物。政府应对自然灾害的方式就像其应对垃圾填埋场的方式一样，清楚地折射出以种族、阶层等为基础的不平等。此外，在普通工业废弃物的清理、处理及对环境侵害责任人的处罚方面，政府的行为同样表现出了明显的种族差异性。

一、卡特里娜飓风之后政府及社会的应对措施

（一）不同人群受灾程度不同

新奥尔良市在飓风袭击之前就已经危机重重。全市总人口达到484674人，其中黑人占68%，非墨西哥裔白人占28%。该市的经济结构并不能提供充足的可以养家糊口的工作机会。2000年，该市家庭收入中线只有18477美元，31%的家庭年收入低于1万美元，失业率达到12.4%。28%的家庭生活在贫困线以下，这些家庭中的84%是居住在老城区的黑人。❶2005年8月29日，美国历史上最具有破坏力的飓风之一卡特里娜横扫美国南部沿海的路易斯安那、密西西比和阿拉巴马州，造成700亿美元的保险赔偿，1325人死亡。飓风导致了6处石油泄漏，泄漏量达740万加仑，破坏了60处地下罐储废弃物设施，5处超级基金资助点（超级基金为清理无责任人的有毒有害废弃物专用联邦基金）和466个工业生产设施。这些

---

❶　WRIGHT B, BULLARD R. Washed away by hurricane Katrina: rebuilding a 'new' New Orleans [M] //BULLARD R. Growing smarter: achieving livable communities, environmental justice, and regional equity. Cambridge, Mass: the MIT Press, 2007: 190.

地方储存了大量高度危险的化学原料及废弃物,加上被飓风破坏了的1000套饮用水供应系统,奥尔良市的积水简直就是一大盆毒汤。卡特里娜还产生了2200万吨的废墟,被淹房屋内有100多万件白色家电,如冰箱、煤气炉、洗衣机等,35万辆汽车需要排干燃油再回收,6万艘废弃的船只,42000吨的危险废弃物,这些都需要迅速地收集并妥善地处理。另外,14~16万座房屋需要拆掉处理,许多房屋被泡在6英尺深的水里长达几天甚至几周❶。

卡特里娜飓风给美国南部靠近海湾各州造成了巨大的人员和经济损失,但是这些损失并不是由所有居民均衡承担的,不同人群的受灾程度以及随之而来的灾后重建工作中充满了种族及阶级色彩。总的来看,受到破坏的地区中45.8%是黑人社区,而未受破坏的地区只有26.4%是黑人社区,在新奥尔良市,这两个数字分别是75%和46.2%。受灾之前,新奥尔良市的人口是475000人,其中黑人占67%,而灾后的估计显示,总人口下降至35万,其中黑人只占35%~40%。从收入情况来看,受到破坏的地区有20.9%的家庭生活在贫困线以下,而未受到破坏地区这一比例为15.3%,在新奥尔良市,这两个数字分别是29.2%和24.7%。受到破坏地区人口中的45.7%租赁房屋居住,未被破坏地区则只有30.9%❷。这些数字说明,在卡特里娜飓风灾难中,黑人和穷人的受灾程度高于白人。

(二)公共交通与救灾

美国被誉为"车轮子上的国家",91.7%的家庭至少拥有一辆机动车。但是,在路易斯安那州、密西西比州和阿拉巴马州的受灾区域,有20%的家庭没有机动车。在新奥尔良市,有1/3的黑人家庭没有车。卡特里娜飓风袭击之前,有1/4的新奥尔良市居民依赖公共交通,同时,还有102122

---

❶ WRIGHT B, BULLARD R. Washed away by hurricane Katrina: rebuilding a 'new' New Orleans [M] //BULLARD R. Growing smarter: achieving livable communities, environmental justice, and regional equity. Cambridge, Mass: the MIT Press, 2007: 195-196.

❷ PASTOR M, BULLARD R, BOYCE J, et al. Environment, disaster, and race after Katrina [J]. Race, poverty and the environment. 2006, 13 (1): 23.

位残疾人住在这里。灾难发生后，事实证明，紧急撤离计划未能很好地服务于社会上最脆弱的人群 —— 没有车的、不会开车的、残疾的、无家可归的、生病的，老人和儿童。许多人被落在后面，很可能就是因为缺乏交通工具而死去的。在路易斯安那州，死于飓风卡特里娜的人中，接近 2/3 的人是 60 岁以上的人。联邦、州及地方政府并不是不知道依赖公共交通的人所面临的更大的风险，2005 年的新奥尔良市综合应急管理计划中明确意识到至少 10 万市民缺乏撤离灾害性暴风雨天气所必需的私家交通工具，1998 年的飓风乔治和 2004 年的飓风伊万已经暴露了城市应急计划在这方面的不足，但是，卡特里娜飓风来袭时，上述情况并没有改善。新奥尔良市部署了 64 辆公交车和 10 辆防水集装箱车运送需要的市民去临时安置点，但据专家估计，要及时运送所有需要公共交通的居民，至少需要 2000 辆公交车。而当时，全市的公交车和校车只有 500 辆，而且没有司机配备，公交公司的 1300 名员工分散在灾区各处，很多人已经丧失家园。❶ 在美国，有许多像新奥尔良这样的城市，许多人没有私家车，同时公交服务不足，这加剧了社会、经济和种族的隔离。飓风卡特里娜以一种极端的方式暴露了城市中无车一族所面临的困境，凸显了公共交通等建成环境在维护正义、促进平等方面的重要性。

（三）灾后救助的不公正性

灾后救助包括帮助灾难幸存者重建、替代基础设施，提供贷款、临时居所等，在预防因灾至贫方面起着关键的作用。研究表明，黑人幸存者在此过程中受到了不平等的待遇。在 2003 年，一份题为《巨大差异》的社区改良组织协会报告发现，低收入及少数族裔购房者，主要是黑人购房者，越来越依赖次级贷款。2004 年，新奥尔良市的黑人获得高利率贷款的概率是白人的 3 倍多，获得高利率抵押贷款的概率是白人的 4 倍。他们的贷款申请被拒绝的比例是白人的 2 倍（比例分别为 20.41% 和 10.5%），年

❶　WRIGHT B, BULLARD R. Washed away by hurricane Katrina：rebuilding a 'new' New Orleans [M] //BULLARD R. Growing smarter：achieving livable communities, environmental justice, and regional equity. Cambridge, Mass：the MIT Press, 2007：190 – 192.

收入超过 10 万美元的黑人比年收入低于 4 万的白人需要支付的贷款利率还要高。❶。2005 年 12 月，国家公平住房协会发布的报告也承认，因卡特里娜飓风而失去家园的黑人在重新获取住房的过程中遭到了严重的歧视。该协会通过电话询问了解了黑人和白人咨询住房者在是否有房、租金、折扣和其他房屋租赁条款方面会得到怎样的回答。结果发现，在 66% 的电话试验中，白人询问者比黑人更受青睐。在 5 次实地看房试验中，有三次白人比黑人更受青睐。国家公平住房协会在 17 个城市做了试验，对得克萨斯州的达拉斯、阿拉巴马州的伯明翰、弗罗里达州的盖因斯维尔的房屋租赁部门提起了 5 次诉讼，其罪名均为以种族为基础的住房歧视。其他灾后援助，如美国小企业管理局（the U. S. Small Business Administration，SBA）提供的贷款是没有保险或保险不覆盖损失的公司唯一的救助来源，它提供资金给受灾公司以修缮房产、设备、机器等。此外，小企业管理局也向住房受损的人提供低息、长期贷款。《纽约时报》的一项调查发现，卡特里娜飓风之后，截至 2005 年 12 月中旬，小企业管理局只处理了 1/3 的救助申请，其中 82% 被拒绝，这个比例高于以往任何一次灾害后的救助。在被接受的申请中，有 47% 来自较富裕社区，只有 7% 来自贫穷社区。被拒绝的贷款申请并不局限在贫穷的黑人社区，新奥尔良东区的中产黑人社区同样有着较低的贷款申请通过率。❷

重建新奥尔良无疑会是一项庞大的都市建设工程，但是重建后的新奥尔良是谁的新奥尔良？这个问题却牵涉政治的、经济的、社会的、文化的、民权的等方方面面。长久以来，黑人的土地被人以各种欺诈、威胁甚至暴力的手段抢走，有时政府也参与进来。过去 50 年来，由政府主导的各种都市翻新计划，或者毋宁说是"黑人移除计划"，它将黑人一步一步地逐出自己的社区。而飓风卡特里娜一夜之间完成了社会不平等花几十年也没有彻底完成的事情。它摧毁了大量的黑人社区，使得大量土地得以"批

❶ WRIGHT B, BULLARD R. Washed away by hurricane Katrina: rebuilding a 'new' New Orleans [M] //BULLARD R. Growing smarter: achieving livable communities, environmental justice, and regional equity. Cambridge, Mass: the MIT Press, 2007: 197–199.

❷ Ibid, 200.

发式"重新开发。有关灾区重建的决定，经常是没有受灾人参与的情况下做出的。什么将会被重建，为谁重建？这都是重要的有关正义的问题。飓风卡特里娜促成了一股黑人大流散，他们身心俱疲，散布在美国各处，有些人发誓不再回去，但有些人永远没有放弃回到自己城市的努力。❶

二、政府针对环境侵害事件的执法不平等性

针对国内层出不穷的环境问题，美国政府在灾害评估、反应速度等方面也表现出了明显的种族差异性。早在环境正义运动出现之前，主流环保主义运动就已经将环境问题提上了政府工作的日程。1970年，尼克松就设立了环境质量委员会（Council on Environmental Quality），作为国家环境政策法案的一部分，目的是要每年出一份美国环境状况的报告，剖析美国环境问题的内在原因，推荐实现总统环境目标的最佳方案。第二年的报告（1971年8月）中即有一章分析了城市中心的环境质量问题，包括：拥挤的住房、高犯罪率、健康不佳、污秽环境、教育与娱乐设施缺乏和吸毒。❷可见，政府在诸如沃伦抗议这样的重大环境正义事件发生之前就已经开始关注都市人群的生活环境。

1982年，北卡沃伦县的一个多氯联苯（PCB）填埋场引发了大规模抗议，导致包括一名参议员的500多人被逮捕。这一事件直接导致1983年美国审计总署进行的美国南部商业危险废弃物填埋场的调查。同年，美国审计总署发布题为《有害废弃物填埋场的选址及其与周围社区种族和经济情况的关系》的报告，该报告表明第四区（南部8个州构成）的4个非现场商业有毒废弃物填埋场中的3个都位于以非裔美国人为主的社区，尽管黑人在全区人口中的比例只有20%。

布什执政期间，1992年，美国环保局（联邦环保局）建立了环境公平

---

❶ WRIGHT B, BULLARD R. Washed away by hurricane Katrina: rebuilding a 'new' New Orleans [M] //BULLARD R. Growing smarter: achieving livable communities, environmental justice, and regional equity. Cambridge, Mass: the MIT Press, 2007: 205.

❷ LESTER J, ALLAN D W, HILL K M. Environmental injustice in the United States: myths and realities [M]. Boulder: Westview Press, 2001: 25.

办公室，该办公室在克林顿时期，于 1994 年被更名为环境正义办公室，并发布题为《环境公平：降低所有社区风险》（Environmental Equity：Reducing Risk for All Communities）的报告。这是最早的研究环境风险和社会公平的综合政府报告之一。[1] 1993 年，联邦环保局根据《联邦顾问委员会法》成立 25 人的国家环境正义顾问委员会（National Environmental Justice Advisory Council，NEJAC）。改委员会由各方利益相关者组成，包括：草根社区组织、环保组织、非政府组织、国家、地区和部落政府、学者和工业企业。国家环境正义顾问委员会又分为六个子部门：健康与研究、废弃物和设施选址、执法、公众参与和责任、土著和原住民问题以及国际问题。

1994 年 2 月，7 个联邦机构，包括：有毒物质和疾病注册管理局、环境卫生科学研究院、联邦环保局、国家职业安全与卫生研究院、国家卫生研究院、能源部、疾病预防与控制中心在弗吉尼亚的阿灵顿联合举办了国家健康论坛。这次研讨会的组委会很独特，因它包括了草根组织领导、受害社区的居民和联邦机构代表，其目标是要将不同的利益相关群体和受到最大影响的人请到决策桌前。大会所提建议包括：进行有意义的健康研究以支持有色与贫穷人种；推进疾病和污染预防策略；推进部门间协调以保证环境正义；进行有效的外联、教育和沟通；设计立法和诉讼弥补方案。[2]

1994 年 2 月 11 日，克林顿签署 12898 号行政命令，"解决少数族裔及低收入群体环境正义问题的联邦行动"，要求所有联邦机构将确保环境正义纳入他们所有的工作和项目实施中。和该命令一起发布的备忘录指明要利用现有法律达成环境正义目标，"环境和民权法规为纠正少数族裔和低收入群体所遭受的环境风险提供了许多机会。利用这些法规应该是政府管理者阻止将上述群体置于过高的负面环境影响的努力的一部分"。12898 号行政命令进一步巩固了实行 35 年的《民权法案》第六条，禁止接受联邦资助的项目有任何歧视。该命令还将焦点聚集在《国家环境政策法》上，

---

[1] BULLARD R. The quest for environmental justice：human rights and the politics of pollution [M]. Counterpoint Berkeley：Sierra Club Books，2005：3.

[2] BULLARD R，JOHNSON G. Environmental justice：grassroots activism and its impact on public policy decision making [J]. Journal of Social Issues，2000，56（3）：561.

该法为环境的保护，维护和改善制定了政策，目的是要保证所有美国人一个安全、健康、多产、美丽并在文化上赏心悦目的环境。该法还要求联邦机构就有可能影响人类健康的联邦行动给出具体环境影响测评报告。12898号行政命令要求用更好的方法评估来自多重性、累积性有害接触的健康影响，改善收集少数族裔及有色群体承受风险的数据的方法，改善评估和降低以野生鱼类和野生动物为主食的人所受到影响的方法，并鼓励受影响群体参与评估影响的各个阶段。以野生鱼类动物类为主食的人群受到12898号行政命令的特别关注，因为如果采用常见风险评估范例这些人就不会受到充分保护。❶

综上所述，在政策制定层面，美国政府表现出了解决问题的决心并付诸实际行动，但在政策执行层面，却又表现出了巨大的种族差异性。《国家法律期刊》进行了一项长达8个月的特别调查，研究了美国政府清理被污染地区并惩罚污染者的过程，结果发现，与黑人、拉美裔和其他少数族裔社区相比，白人社区受到环境侵害时，政府行动更为迅速，结果更令人满意，对环境侵害责任人的惩罚更加严厉。最极端的例子显示，在以白人为主的社区违反危险废弃物相关法律的公司所接到的罚金金额，比在少数族裔社区同等情况下的罚金高500%。整体上看，在白人社区违反联邦环境法规产生的罚金比在少数族裔社区高46%。该调查还分析了已运行12年的联邦超级基金项目（用于清理、修复责任人难以确定或责任人无力承担修复费用的被污染地），发现位于少数族裔社区的无人管理危险废弃物场地被列入联邦超级基金优先处理名单所花的时间比位于白人社区的长20%。对于已经列入超级基金优先处理名单的被污染地，通常的处理方法有密封、消除或消毒。而后两者是环境政策法注明推荐的。位于少数族裔社区的污染物被密封的频率比被消除或消毒的频率高7%，而位于白人社区的污染物被消除或消毒的频率比被密封的频率高22%。另外，该报告还发现违反《国家环境政策法》的行为所接受的平均罚金金额，因违法行为

---

❶　CLINTON W. Federal actions to address environmental justice in minority populations and low－income populations［R/OL］．1994［2016－07－03］．https：//www.epa.gov/environmentaljustice/learn－about－environmental－justice.

所在社区的种族构成不同而有巨大差异（白人社区和少数族裔社区平均金额分别为 335566 美元和 55318 美元）。❶

这项关于环境法执行层面的调查证明了许多草根环境正义活动家几十年来心知肚明的事情：社区与社区从来就不是平等的。不幸地被归于弱势群体的社区更多地承受了来自工业、企业、工作场所和家庭环境的环境侵害，在政府的所谓保护行动中，同样也受到了不公平的待遇。该报告有力地驳斥了联邦环保局的 1992 年环境公平政府工作报告，该报告声称联邦环保局在促进环境公平方面取得了很好的成就。可见，环境正义目标的达成需要各级组织，社区、地方政府、联邦政府和各界人士，群众、学术界、非政府组织等的协同努力，任何一个环节缺位，就像木桶的缺口，都会导致最终目标的流产。

三、超级基金实施过程中的不平等性

（一）超级基金简介

美国联邦政府制定的纠正环境不正义事实的唯一一部法律是《广义环境响应、补偿及义务法案》（the Comprehensive Environmental Response, Compensation, and Liability Act of 1980, CERCLA），简称"超级基金"（Superfund）。联邦政府使用该项基金对受到危险物质污染的地区进行清理。联邦环保局负责确定将危险废弃物排放至环境中的责任者，然后要求其进行清理，或使用超级基金及通过美国司法部从污染者那里获取的资金自行进行清理。迄今为止，大约 70% 的清理行为是由责任者付费的，但是，如果责任者无法确定，或者责任者没有能力支付清理费用，则超级基金将被启用。20 世纪 90 年代中期之前，该基金的绝大部分来自对石油化工企业的税收，这反映了"污染者付费"的原则。但在 2001 年超级基金剩余资金用完之后，清理危险废弃物的费用主要来自普通纳

❶ LAVELLE M, COYLE M. Unequal protection: the racial divide in environmental law [J]. National Law Journal, 1992, 15 (3): 126 – 137.

税者。

联邦环保局及各州环保局使用危险等级系统（Hazard Ranking System，HRS）根据一个场所实际的或潜在的危险物质泄漏量，计算该废弃物场所的得分，最低 0 分，最高 100 分。如果一个场所得分达到 28.5，则该场所被列入国家优先清理名单（National Priorities List，NPL），其清理及修复可以享受超级基金的长期资助。截至 2016 年 8 月，国家优先清理名单上共有 1328 个场所，另有 55 个被提议的场所等待评分，391 个已经得到清理，已从国家优先清理名单上移除。

超级基金的资金并非超级充裕，1999 年时共计 20 亿美元，到 2013 年，只剩下不到 11 亿美元（按不变美元价值计算）。因此，超级基金所清理的危险废弃物场所也连年减少，2009 年清理了 20 处，而 2014 年只清理了 8 处。[1]

超级基金是美国政府在处理有害废弃物的责任追溯和损害赔偿等问题上的一项创举，[2] 它有效解决了环境侵害责任人无法确定或环境责任人无力纠正环境侵害行为的难题。超级基金的设立类似于罗尔斯所说的人们在"无知之幕"背后所采纳的原则。人们不知道新技术的利用是否会带来破坏性后果，也不知道会是谁承担此后果，而且由于导致破坏的人往往并不预先知道该破坏性后果，也未必有能力对造成的后果进行补偿，常常在无意中对环境及社区居民的健康造成伤害。在这种情况下，人们会倾向于运用罗尔斯的最大最小值推理，使可能发生的最糟糕的事情的损失减到最小，联邦政府即设立超级基金，用于补偿此种情况下的受害者。例如，曾经有个公司将二噁英喷洒在密苏里州时代海滩的路上以除掉灰尘，但是后来发现这种化学物质有剧毒，导致整个小镇的居民都无法正常居住下去。镇上所有资产的价值都严重缩水，公司也无法对自己造成的损失进行适当的赔偿[3]。这时，超级基金便是一个很好的补救措施。超级基金开创了在

---

[1] Wikipedia. Superfund [G/OL]. 2015 [2016 – 01 – 02]. https：//en. wikipedia. org/wiki/Superfund.

[2] 刘海霞. 环境正义视阈下的环境弱势群体研究 [M]. 北京：中国社会科学出版社，2015：137.

[3] 温茨 P. 环境正义论 [M]. 朱丹琼，宋玉波，译. 上海：上海人民出版社，2007：82.

国家层面募集环境基金的做法，可以及时地应对环境紧急事件，对受害群体进行先行赔付，在一定程度上弥补了受害人群的损失，有利于控制环境风险的进一步扩大。

（二）超级基金的局限性及实施中的不平等性

但是，从超级基金的运作方式可以看出，超级基金在本质上是个对于环境危机的事后补救措施，是联邦政府在环境不正义事实发生之后，在少数族裔和低收入群体已经遭受了与其人口不成比例地环境侵害之后，所采取的弥补性措施。它虽然可以在一定程度上减轻受害群体的损失，但对于预防环境侵害，避免环境不平等而言是无能为力的，甚至有些人可能会因为有联邦超级基金可以依赖，而在一定程度上放松警惕、放纵污染者。另外，超级基金在实施过程中产生了另一个层面的不平等。桑德拉·奥内尔（Sandra O'Neil）等提出了"环境清理正义"（Environmental Cleanup Justice）的理论，认为超级基金在清理危险废弃物时，应该不受种族、阶层、性别等社会因素的影响，公平地进行危险性评估及清理。❶ 1994 年克林顿总统签署 12898 号行政命令之后，联邦环保局还应该在运用超级基金时，额外地考虑少数族裔及低收入群体的利益，"所有联邦机构应当将实现环境正义作为自己工作的一部分，对本机构的政策、计划、活动等对少数族裔和低收入群体有可能造成的过高的、负面的环境与健康影响，要仔细辨别、认真解决"❷。

但是，多项研究表明，尽管少数族裔和低收入群体承担了过高的环境负担，但超级基金场所周边社区的少数族裔和低收入群体比例却不高。这说明，少数族裔和低收入群体没有像其他群体一样得益于超级基金。理想状态下，一个危险废弃物场所是否被列入联邦优先清理名单（以下简称名

---

❶ O' NEIL S G. Superfund: evaluating the impact of executive order 12898 [J]. Environmental Health Perspectives, 2007, 115 (7): 1087.

❷ CLINTON W. Federal actions to address environmental justice in minority populations and low-income populations [R/OL]. 1994 [2016-07-03]. https://www.epa.gov/environmentaljustice/learn-about-environmental-justice.

单），应该根据其对周边居民造成的危害程度来决定，但是实际上名单还受到了许多其他社会因素的影响，例如，社区的政治力量、居民的收入水平及种族构成等。奥内尔的研究发现，危险废弃物场所周边少数族裔人口比例的增加、贫困家庭数量的增加和没有高中学历人口的增加都会降低该危险废弃物场所被列入名单的可能性。具体而言，少数族裔人口比例每上升10%，相关危废场所进入名单的可能性就降低2%；贫困率每上升10%，相关危废场所进入名单的可能性就降低13%。而居民收入中数每上升1万美元，相关危废场所进入名单的可能性即增加9%。奥内尔的研究还将1994年克林顿签署12898号行政命令之前和之后的情况进行对比，发现1994年之后，少数族裔和低收入群体社区的危废场所进入联邦优先清理名单的可能性进一步降低了。❶ 也就是说，超级基金运作的公平性并不理想，也可以说，联邦环保局在超级基金管理方面，没有很好地执行12898号行政命令。

小　结

本章论述了20世纪末美国环境不正义的多种表现形式，从不同人群暴露在不同污染物中的程度、建成环境的建设以及政府应对、处理环境侵害事件的态度这三个角度分析了美国环境不正义问题的主要维度。黑人主要遭受了工业、企业污染，拉美裔农场工人遭受了杀虫剂、除草剂等化学污染，北美印第安人遭受了铀矿开采过程及废核燃料导致的污染。虽然不同人群暴露在不同的污染物中，但少数族裔受到了与其人口不成比例的环境侵害却是一个共通的事实。有益的环境设施，如健康、低价的食品环境、充足的公园、绿地及便利、廉价的公共交通设施也是少数族裔及贫穷人群享有平等待遇所必需的，但是，与白人相比，他们又一次遭受了不平等。最后，政府在有关环境侵害事件的执法过程中也表现出了针对不同人群的

❶　O'NEIL S G. Superfund: evaluating the impact of executive order 12898 [J]. Environmental Health Perspectives, 2007, 115 (7): 1091.

区别对待。自然灾害之后的救助、对环境侵害事件的执法力度，以及联邦超级基金实施过程中都体现出明显的种族及阶层差异性。一方面，美国环境不正义的问题具有极其复杂化的特点，公司、企业和政府的行为都有可能引发环境不正义的事实。而生活环境的质量直接影响到人的健康，继而影响人在其他各个社会领域的成就。因此，环境权利应该包含在罗尔斯所说的人的基本自由体系之内。准确辨认并评估各种形式的环境侵害事件是保障人的基本环境权利的第一步；另一方面，从表面上看，美国的环境不平等现象呈现出明显的种族差异性，这便不可避免地将人们的注意力锁定在种族的分析框架之内，而种族背后的因素，或者与种族成伴随状态的因素往往被人们忽略或轻视。这在一定程度上限制了美国环境正义研究的视野，给人们正确理解、有效应对美国环境正义问题造成了相当大的困难。

第四章　种族还是其他：
突破美国主流分析框架

　　有毒有害废弃物在少数族裔社区不成比例地集中，这一直是人们的直观印象。环境正义运动的爆发就是以南卡罗莱纳州沃伦县一个黑人社区抗议一个多氯联苯填埋场的修建这一事件为标志的。在轰轰烈烈的民权运动刚刚告一段落的20世纪70年代末，该事件从一开始就将人们的注意力锁定在种族问题上，使人们自然地将环境问题和种族歧视问题联系起来，从而催生出环境种族主义的概念。随后迅速铺开的环境正义运动引起了学界、政府的关注，他们各自进行了大量的实证研究，试图验证人们的主观经验并采取相应的政策措施。在现有调查研究结果中，最有影响力的观点是：与有毒有害废弃物设施的存在最相关的社会因素是种族。在大部分研究中，种族作为一个变量，指的是一个社区或一个群体中少数族裔人口所占的比例，所谓少数族裔分为非洲裔美国人（黑人）、拉美裔美国人、亚洲裔美国人和太平洋岛屿居民及北美印第安人。有关环境风险所在社区社会、人口、经济因素的研究有很多，但影响最大、被引最多的是美国审计署（General Accounting Office，GAO）和基督教联合教会种族正义委员会（United Church of Christ Commission for Racial Justice，UCCCRJ）所做的研究及其后续研究。这些研究中，有些本身就是受国会委托，其结果也受到了联邦政府的高度重视，并在20世纪90年代的一系列联邦层面环境正义政策制定中发挥了巨大的影响。但是，通过对这些研究的方法以及结论的研读与审视，笔者发现，它们将种族与有毒废弃物设施之间的相关性与因果关系混淆，有可能片面强调了种族因素在决定有毒废弃物设施分布之中的重要性。另外，这些研究作为横向研究，只关注某一个时间点有毒废弃物设施所在社区的人口、社会经济特征，而不考虑有毒废弃物设施选址后所在社区的人口特征变化，这无疑会漏掉决定有毒废弃物设施选址的关键因素。政府和社会在美国主流观点的影响下，试图以种族歧视为突破口解决或缓解环境正义问题，但并未取得良好的效果，因此，本书认为，有必要突破环境正义问题的种族分析框架，探究种族以外的更加全面、或许更加根本性的导致环境不正义问题的因素。

第一节　有关种族与环境关系的研究

一、美国审计署的研究

（一）　该研究的缘起

最早的有关不平等环境风险分布的信息出现在 1971 年环境质量委员会的年度报告中，当时联邦环保局刚刚成立一年，《国家环境政策法案》也刚刚通过一年。但是环境正义问题开始受到美国全国范围的关注是在 1982 年的沃伦抗议之后。1978 年的夏天，数吨重、体积达到 4 万立方码的多氯联苯（PCB）污染的土壤被非法倾倒在南卡罗莱纳州长达 240 英里的道路旁边。州政府为清除它们，决定在该州沃伦县建造一个填埋场。这遭到了愤怒的当地居民的强烈抗议。居民指控州政府的决定是种族歧视的结果，因为沃伦县的居民以黑人为主。该抗议持续了 4 年，在此期间，当地居民发起了两次诉讼，但法院坚持认为州政府的决定中没有种族歧视的动机，而作出了有利于州政府的判决，填埋场得以修建。1982 年，当装满有毒土壤的卡车驶进沃伦县时，在全国有色人种推进会的支持下，居民们发起了历史上有名的"沃伦抗议"。他们躺在道路中央，堵住卡车，最后与警察发生冲突，造成 500 多人被捕，其中包括一名参议员。

这次抗议事件引起了国会的重视，众议院能源与商务委员会的主席委托美国审计署对联邦环保局划分的第四区（美国东南部）内四个商业废弃物填埋场进行有关种族与垃圾填埋场的调查。美国审计署于 1983 年发布了研究报告，题为《危险废弃物填埋场选址和周边社区种族及经济状况的关系》(Siting of Hazardous Waste Landfills and Their Correlation with Racial and Economic Status of Surrounding Communities)❶。

（二）该研究的发现

该研究覆盖区域为美国东南部 8 个州（阿拉巴马、弗罗里达、佐治亚、肯塔基、密西西比、北卡罗莱纳、南卡罗莱纳和田纳西），这 8 个州构成了美国联邦环保局所划分出的十个区中的第四区（region 4）。调查集中在该区域内的四个垃圾填埋场：阿拉巴马州萨姆特县的化学废料管理公司、南卡罗莱纳州切斯特县的工业化学公司、南卡罗莱纳州萨姆特县的废弃物控制服务公司、北卡罗来纳州沃伦县的多氯联苯填埋场。这些全都是非现场垃圾填埋场（offsite landfills）——独立于且不毗邻于任何工业设施的垃圾填埋场。报告发现：第四区的 8 个州中，有四个目标填埋场。其中的三个填埋场所在的社区，黑人人口都占总人口的大多数。在所有四个社区中，至少 26% 的人口收入低于贫困线，这部分人口中的大多数是黑人。黑人收入中数低于所有种族综合在一起的收入中数。该研究分别调查了填埋场所在地（A 区）和边界处于填埋场 4 英里范围以内的地区（B 区、C 区、D 区等）的人口特征。四个填埋场的种族和经济状况为：

化学废料管理公司：如表 4 - 1❷ 所示，A、B、C 区的黑人人口比例和贫困线以下黑人人口占比均为绝大多数，且远远超过该填埋场所在州、县的平均值。且随着考察区域范围从有毒废弃物所在州、所在县到所在区不断缩小，黑人人口比例不断增加。

---

❶　The US General Accounting Office. Siting of hazardous waste landfills and their correlation with the racial and socio - economic status of surrounding communities［R/OL］. 1983［2016 - 01 - 23］. http：//archive. gao. gov/d48t13/121648. pdf.

❷　表 4 - 1，4 - 2，4 - 3，4 - 4 均来自 The US General Accounting Office. Siting of hazardous waste landfills and their correlation with the racial and socio - economic status of surrounding communities［R/OL］. 1983［2016 - 01 - 23］. http：//archive. gao. gov/d48t13/121648. pdf.

表 4-1 化学废料管理公司周边社区人口及社会经济特征

化学废料管理公司（依据 1980 年人口普查数据）					
	人口		贫困线以下人口		
位置	人数	黑人占比	人数	贫困人口占比	贫困人口中黑人占比
阿拉巴马州	3893888	26	719905	19	52
萨姆特县	16908	69	5508	33	93
A 区	626	90	265	42	100
B 区	1335	84	620	46	96
密西西比州	2520638	35	587217	24	65
凯姆县	10148	54	3757	37	80
C 区	1060	69	532	50	93

废弃物控制服务公司：如表 4-2 所示，黑人人口比例除 A 区为 38% 以外，其他区黑人都占大多数，所有四个区中黑人占贫困线下人口为 84% 或更高。

表 4-2 废弃物控制服务公司周边社区人口及社会经济特征

废弃物控制服务公司（依据 1980 年人口普查数据）					
	人口		贫困线以下人口		
位置	人数	黑人占比	人数	贫困人口占比	贫困人口中黑人占比
南卡罗来纳州	3121820	30	500363	16	61
萨姆特县	88243	44	20029	23	81
A 区	849	38	260	31	100
克莱尔顿县	27464	57	7985	29	81
B 区	607	92	244	40	84
C 区	484	74	167	35	96
卡尔霍恩县	12206	55	283	22	85
D 区	724	69	216	30	91

工业化学公司：如表 4-3 所示，A 区黑人占 52%，贫困人口黑人占 92%。临近区域，即 B 区、C 区、D 区和 E 区的黑人占 30%~56%，而贫困线下人口中黑人占比从 24% 到 100% 不等。

表4－3　工业化学公司周边社区人口及社会经济特征

工业化学公司（依据1980年人口普查数据）					
	人口		贫困线以下人口		
位置	人数	黑人占比	人数	贫困人口占比	贫困人口中黑人占比
南卡罗来纳州	3121820	30	500363	16	61
切斯特县	30148	39	4840	16	70
A区	728	52	188	26	92
B区	922	30	35	4	100
约克县	106720	22	11407	11	50
C区	420	41	35	8	无相关信息
兰卡斯特县	53361	24	5930	11	49
D区	923	56	148	16	79
E区	1125	30	136	12	24

沃伦县多氯联苯填埋场：如表4－4所示，填埋场所在区和5个临近区域中的3个，其黑人比例和黑人占贫困人口的比例都是大多数。其他两个临近区域的黑人比例虽然没有过半，但其中一个（菲星镇）中，除占比44%的黑人外，还有占比47%的美洲印第安人。

表4－4　沃伦县多氯联苯填埋场周边社区人口与社会经济特征

沃伦县多氯联苯填埋场（依据1980年人口普查数据，以镇为单位）					
	人口		贫困线以下人口		
位置	人数	黑人占比	人数	贫困人口占比	贫困人口中黑人占比
北卡罗来纳州	5881766	22	839950	14	46
沃伦县	16232	60	4880	30	80
肖可镇	804	66	256	32	90
桑迪溪镇	1331	70	545	41	91
沃伦顿镇	4596	61	1360	30	90
菲星镇	1285	44	425	33	39
弗克镇	556	81	179	32	81
朱迪金斯镇	850	48	259	31	无相关信息

可见，第四区的四个垃圾填埋场中，三个填埋场所在的社区，黑人人

口都占总人口的大多数。在所有四个社区中，至少 26% 的人口收入低于贫困线，这部分人口中的大多数是黑人。黑人收入中数低于所有种族综合在一起的收入中数。沃伦县的多氯联苯填埋场于 1979 年获得了联邦环保局的批准，由于两次社区居民发起的抗议诉讼，填埋场的建设延迟了 3 年，但是两次诉讼结果都是州胜诉。也就是说，抗议只是将填埋场的建设推迟了，并未真正阻止。第三次抗议即历史上影响深远的"沃伦抗议"，于 1982 年填埋场建设开工时，由全国有色人种推进会介入，以种族歧视为缘由而发起，但最终法院认为选址过程中不存在种族歧视的意图。沃伦抗议虽然以失败而告终，但由此拉开了美国环境正义运动的帷幕。美国审计署 1983 年的调查报告也似乎在美国的环境正义运动初期为该运动定下了基调，即环境正义运动在很大程度上是少数族裔反抗环境歧视的社会运动。

二、基督教联合教会的研究

（一）该研究的基本情况

同样受到沃伦抗议的推动，基督教联合教会种族正义委员会在著名民权运动活动家本杰明·查韦斯的带领下，进行了全国范围内的有毒废弃物分布与种族关系的调查，于 1987 年发布了题为《有毒废弃物和种族：危险废弃物所在地的种族和社会经济特点》❶ 的调查报告。这是第一份全国范围内的有关少数族裔社区危险废弃物的相关调查。该调查将全国少数族裔分为非洲裔、西班牙语裔、亚洲裔、太平洋岛屿人和印第安人（根据美国人口普查局的分类）。调查分两部分，一部分集中调查商业危险废弃物设施（有偿接收危险废弃物）；另一部分集中调查无人管理的有毒废弃物场所，这主要指对当前或未来人类健康和环境有害的已关闭或被离弃的设施。1985 年联邦环保局登记在册的无人管理的有毒废弃物场所有 2 万个。

---

❶ United Church of Christ Commission for Racial Justice. Toxic wastes and race：a national report on the racial and socio – economic characteristics of communities with hazardous waste sites ［R/OL］. 1987 ［2016 – 01 – 22］. http：//d3n8a8pro7vhmx. cloudfront. net/unitedchurchofchrist/legacy _ url/13567/ toxwrace87. pdf？1418439935.

这里所说的危险废弃物被联邦环保局定义为工业生产产生的对环境和人类健康有害的衍生品。联邦环保局规定新产生的废弃物必须由有资质的设施管理，即危废设施（Treating，Storing，Disposing Facilities，TSDF）。此类设施可以是填埋场、地表拦蓄池或焚化炉等。该研究的目的被明确表述为：确定美国商业有毒废弃物设施的存在和当地社区人口的种族属性之间的关系。其基本假设为：商业有毒废弃物设施的大小和周边社区居民的种族特点之间或许存在着重要的关系。

该研究使用 1980 年的人口普查数据，以五位数的邮政编码区域作为社区单位。该项研究将人口特征分为五个变量：总人口中的少数族裔比例、家庭收入中数、自有住房价值中数、每千人承担的无人管理有毒废弃物设施的数量和人均产生的有毒废弃物数量。所有的邮政编码社区被分为互相不重叠的四类。第一类社区无任何使用中的危废设施，这一类用来与有此类设施的社区相对照；第二类社区有一个使用中的危废设施，而这一设施不是填埋场；第三类社区中有一个填埋场，但该填埋场不是全国最大的五个中的一个；第四类社区有全国五大填埋场之一或有两个以上使用中的危废设施。可见，该研究将社区按照有毒废弃物设施的密集度或强度将所有社区划分为四类，并且该研究是全国范围内的。

（二）该研究的主要发现

该研究的主要发现是：1. 种族（以人口中的少数族裔占比来衡量）与商业危险废弃物设施的位置最相关，该相关性适用于全国范围。2. 拥有最多危险废弃物设施的社区其种族性也最高（即人口中少数族裔占比最高），拥有两个或以上危废设施，或全国 5 大填埋场之一的社区其少数族裔占比是无此类设施社区的少数族裔占比的 3 倍之多（38% vs 12%），拥有一个商业危废设施的社区其少数族裔占比是无此类设施社区的 2 倍（24% vs 12%）。3. 社会经济地位起到了重要作用，但种族仍然更加相关。即使将都市化和地区差异控制，该结论仍然成立。4. 全国最大的 5 个商业危险废弃物填埋场中的 3 个都在黑人或西班牙语裔社区，这 3 个填埋场占全国商业填埋量的 40%。

报告还发现，无人管理的有毒废弃物设施存在于：五分之三的黑人和西班牙语裔社区；多于 1500 万黑人所居住的社区；多于 800 万西班牙语裔所居住的社区。在拥有此类设施的都市地区，黑人不成比例地集中，洛杉矶的居于此种社区的西班牙语裔比任何其他都市区域都多。约一半的亚裔太平洋岛民和印第安人社区有此类设施。最终，三个黑人及西班牙语裔占绝大多数的社区承担了全美填埋量的 40%。

（三）该研究报告的建议

该报告提出如下建议：由总统发布行政命令，强制联邦部门考虑现行政策条例对少数族裔社区的影响；呼吁联邦环保局成立危险废弃物和种族事务办公室，确保相关废弃物问题及其清理得到妥善处理；呼吁州政府评估并修改其有害废弃物设施选址标准，充分考虑种族和社会经济因素（原标准基本是基于物理、地理的考虑，如是否处于泄洪区，是否处于地震断裂带，而完全不牵涉社会经济因素）；呼吁美国市长论坛，全国黑人市长论坛及全国城市联盟召开会议，从市政层面处理该问题；呼吁民权及政治组织推动选民登记，通过选举政治赋权于少数族裔，将该问题推向国家立法议程顶端；社区要举办教育行动；进行进一步的流行病学和人口调查。

总的来看，该报告分别从联邦、州、城市、民间组织、社区及调查研究层面提出了自己的建议，其中相当一部分很快就得到了采纳。如克林顿总统于 1994 年发布了 12898 号行政命令，要求联邦各个机构将环境正义的考量纳入所有的日常工作中；联邦环保局于 1992 年成立环境公平办公室，后于 1994 年改名为环境正义办公室，全面负责所有联邦项目、政策中环境正义目标的达成；1991 年由社会各界参与的全国有色人种环境领导人峰会如期召开。

基督教联合教会于 1987 年发布的题为《有毒废弃物和种族：有关危险废弃物所在地的种族和社会经济特点》的调查报告认为，种族是决定有毒废弃物设施选址的最主要因素，它比家庭年收入、房产价值及当地工业废弃物排放量更加准确地预测了有毒废弃物设施的存在。1994 年，该报告在 1990 年的人口普查数据基础上得到了更新，显示有色人种住在有毒废弃物设施附近的可能性比白人高 47%。该调查又一次证实了人们的主观经验，支持了美国审计署 1983 年的研究发现，成为反对环境种族主义的又一面旗帜。该报告自从发布便成为种族和环境问题领域的先锋研究报告，直至今日仍被认为是环境正义领域的经典结论，仍然具有很大的影响力。

三、《有毒废弃物与种族 20 周年》

（一）该研究的基本情况

2007 年，基督教联合教会在 1987 年《有毒废弃物与种族》发布 20 周年之际，委托环境正义领域的知名学者罗伯特·布拉德（时任克拉克·亚特兰大大学环境正义资源中心主任）、保罗·莫海（时任密歇根大学自然资源与环境学院教授）、罗宾·萨哈（时任蒙大拿大学环境研究助理教授）和比弗利·莱特（时任狄乐德大学的环境正义深南研究中心主任）进行了一次全国范围的有毒废弃物设施调查。该调查使用了 2000 年的人口普查数据，是第一个基于此人口普查数据的全国性调查。由于 20 多年来环境正义概念涵盖范围的扩展，该调查也包括了一些有毒废弃物设施分布不平等之外的内容，例如，环境灾害后政府在应急反应中表现出的不平等。

（二）该研究在方法上的创新

布拉德等的《有毒废弃物与种族 20 周年》[1] 使用了新的方法，更精准地确定了有毒废弃物周围的人群。传统方法（20 世纪 80 ~ 90 年代的研究主要使用的方法）通常使用邮政编码区域或人口普查区作为比较的基础，将社区分为存在有毒废弃物设施的社区（宿主社区）和不存在有毒废弃物设施的社区（非宿主社区），然后将这两类社区中人口的种族及社会经济特点进行比较。使用这样的方法有一个前提，即居住在宿主社区的人一定比居住在非宿主社区的人距离有毒废弃物设施更近，而实际情况不一定如

---

[1] BULLARD R, MOHAI P, SAHA R, et al. Toxic wastes and race at twenty: why race still matters after all of these years [J]. Environmental Law, 2008, 38 (371): 371 –411.

此。首先，有毒废弃物设施有可能位于宿主社区的边界处，这时，邻近的非宿主社区居民或许比有些宿主社区居民距离该设施更近。而位于所在社区边界处的设施并不少见，莫海和萨哈研究发现将近50%的商业有毒废弃物设施都位于所在社区边界四分之一英里范围之内，而70%位于所在社区边界半英里范围之内；❶ 其次，传统方法所划分出的区域面积大小不一，因此并不能准确反映出居住在该区域的人距离区域内的有毒废弃物设施的远近。莫海和萨哈的研究发现最小宿主社区只有不到十分之一个平方英里，而最大的超过7500平方英里。在一个足够小的区域内，所有居民无疑是邻近有毒废弃物设施的，但在7500平方英里的区域中就不一定了，尤其是当这个区域内的有毒废弃物设施位于该区域的边界地带。

鉴于传统区域划分方法的弊端，2000年以后的许多研究采用了新的、可以更精确地将有毒废弃物设施和邻近人群相匹配的方法。莫海和萨哈将这个方法叫作"距离法"（distance – based methods）。传统方法并不需要确定有毒废弃物的精确位置，而只是找出该设施所在的区域，该区域或者是个邮政编码区域，或者是个人口普查区。"距离法"需要精准确定有毒废弃物设施的地理位置，然后，与该设施一定距离范围之内的所有区域共同组成宿主社区。将宿主社区内的人口种族及社会特征与宿主社区之外的相比较，从而可以得出该有毒废弃物设施与种族等社会因素的相关性。

布拉德等的研究设置了距离有毒废弃物设施1公里、3公里及5公里的区域这三个参数，这样划出来的区域是个标准的圆形。毫无疑问，不论是在1公里、3公里还是5公里范围之内，都有社区并不完全在圆周之内。有两个方法处理这个问题：1. 如果一个社区超过50%的面积在圆周之内，则该社区算作宿主社区的一部分；2. 按照一个社区实际在圆周之内的面积比例，将其总人口的相应比例并入宿主社区人口，加总考察该宿主社区的人口特征。经测试，"距离法"有较高的信度。无论使用上述两种方法的哪一种，都得到了相似的宿主社区人口特征，而且，无论使用邮政编码区

---

❶ MOHAI P, SAHA R. Reassessing racial and socioeconomic disparities in environmental justice research [J]. Demography, 2006, 43 (383): 383–399.

域、人口普查区或是其他区域单元，也都得到了相似的宿主社区人口特征。最后，该研究使用了最新的联邦环保局贝尼尔报告系统、联邦环保局资源节约与恢复信息系统及联邦环保局的环境数据库，最终确定全美国共有 413 个有毒废弃物设施。

（三）该研究的发现

如前所述，"距离法"可以将有毒废弃物设施和临近居民更精确地匹配起来，而使用这种方法得出的研究结果却显示，有毒废弃物设施分布的种族差异性比以往使用传统方法确定宿主及非宿主社区的研究所显示的要大得多。

全美范围内，有毒废弃物设施宿主社区的有色人种比例为 56%，而非宿主社区有色人种比例是 30%。非洲裔美国人、拉美裔美国人和亚裔及太平洋岛屿居民在宿主社区的比例分别是非宿主社区的相应人口比例的 1.7、2.3 和 1.8 倍。宿主社区的贫困率是非宿主社区的 1.5 倍。

另外，研究还将有多个有毒废弃物设施的社区（聚集性宿主社区）和有单个有毒废弃物设施的社区（非聚集性宿主社区）做了对比分析。结果发现，聚集性宿主社区与非聚集性宿主社区相比，有色人种比例更高（69% vs 51%），贫困率更高（22% vs 17%），家庭收入中线更低（＄44600 vs ＄49600），自有住房价值也更低（＄121200 vs ＄141000）。这些结果与 1987 年的基督教联合教会调查结果及其 1994 年的后续调查结果一致。也就是说，20 年后，美国有色人种仍然遭受着与其人口不成比例的有毒废弃物设施的负面影响。

研究发现，在地区层面，同样存在不平等。联邦环保局将全国划分为 10 个区。这 10 个区中的 9 个都被发现存在宿主社区和非宿主社区之间的种族差异性。其中，东北部的第一区（36% vs 15%）东南部的第四区（54% vs 30%）中西部的第五区（53% vs 19%）南部的第六区（63% vs 42%）西南部的第九区（80% vs 49%）显示出了最大的种族差异性。

在州层面，44 个存在有毒废弃物的州中，有 40 个州被发现存在有色人种在有毒废弃物设施周边 3 公里范围内不成比例地集中的现象。其中宿主与非宿主社区有色人种比例差异最大的 10 个州是（按差异性从大到小）：密歇根（66% vs 19%）、内华达（79% vs 33%）、肯塔基（51% vs 10%）、伊利诺伊（68% vs 31%）、阿拉巴马（66% vs 31%）；田纳西（54% vs 20%）、华盛顿（53% vs 20%）、堪萨斯（47% vs 16%）、阿肯色（52% vs 21%）、加利福尼亚（81% vs 51%）。

在集中了全美五分之四有毒废弃物设施的大都市地区，有毒废弃物设施宿主社区有色人种比例同样高于非宿主社区（57% vs 33%）。存在有毒废弃物设施的 149 个大都市地区中，105 个存在宿主社区有色人口比例过高的现象，其中 46 个的宿主社区有色人种比例过半。

如表 4-5 所示，《有毒废弃物与种族 20 周年》发现，20 年后，依然存在有毒废弃物设施分布的种族差异性。事实上，新的研究所使用的将有毒废弃物设施和受影响人群更精确匹配的方法显示出了更大的有毒废弃物设施分布的种族差异性。

表 4-5　全美 413 个危废设施宿主社区和非宿主社区之间的种族及社会经济差异

全美 413 个危废设施宿主社区和非宿主社区之间的种族及社会经济差异
（依据 2000 年人口普查数据）

	宿主社区	非宿主社区	差额	比率
人口				
总人口（千人）	9222	272200	-262979	0.03
人口密度（每平方公里人口数）	870	29.7	840	29.00
种族				
有色人种占比（%）	55.9	30.0	25.9	1.86
非洲裔美国人占比（%）	20.0	11.9	8.0	1.67
拉美裔美国人占比（%）	27.0	12.0	15.0	2.25
亚洲裔及太平洋岛屿人占比（%）	6.7	3.6	3.0	1.83
美洲印第安人占比（%）	0.7	0.9	-0.2	0.77
社会经济因素				
贫困率（%）	18.3	12.2	6.1	1.50
家庭收入中数（美元）	48234	56912	-8678	0.85
自有住房价值中数（美元）	135510	159536	-24025	0.85

全美 413 个危废设施宿主社区和非宿主社区之间的种族及社会经济差异
（依据 2000 年人口普查数据）

	宿主社区	非宿主社区	差额	比率
4 年制大学学位持有者占比（%）	18.5	24.6	-6.1	0.75
专门技术从业人占比（%）	28.0	33.8	-5.8	0.83
蓝领工作从业人占比（%）	27.7	24.0	3.7	1.15

BULLARD P, MOHAI P, SAHA R, et al. Toxic wastes and race at 20：1987 – 2007, grassroots struggles to dismantle environmental racism in the United States ［R/OL］. 2007 ［2016 – 08 – 15］. http：//www. ejnet. org/ej/twart. pdf.

（四）该研究的结论和建议

该研究得出结论：种族仍然在有毒废弃物设施的分布中起着关键作用；政府应对环境正义问题的措施不力加重了受害群体所承担的环境负担；政府政策的有效性需要质疑。鉴于此，该研究报告的作者们针对国会、联邦行政部门、州及地方层面、非政府组织及工业企业提出了具体的建议。

20 世纪 80 年代，美国审计署和基督教联合教会种族正义委员会的研究被称为环境正义运动史上的里程碑式研究。可以说，在很大意义上这两项研究的结果促成了环境问题和种族问题的融合，使得环境利益和环境负担的分配染上了浓重的种族主义色彩。2007 年的《有毒废弃物与种族 20周年》作为 1987 年的《有毒废弃物与种族》的后续研究，进一步巩固了前两次研究的结果。由于这些研究在学界受到广泛承认，并在研究报告中明确提出针对政府及其他各方的建议，因此，美国政府及受害群体在针对环境正义问题所采取的策略中，都将这些研究作为重要指导和参考。

第二节　对美国主流观点的分析与质疑

上述几项研究虽然被看作经典研究，并被作为政府决策和受害群体法律诉讼的依据，但在仔细审查之下，可以发现，这些研究所使用的方法、所得出的结论和政府与社会对此类研究结论的理解呈现一定程度的脱节现象。

一、相关性与因果关系

(一) 社会科学研究中因果关系的确定方法

在社会科学研究中，很多时候，两个变量之间存在一些连带关系。这种连带关系有的是一种因果关系，有的不具有因果关系。如果要确定因果关系，最好的办法是通过实验法，在实验条件下有目的地控制自变量，观察因变量的变化，从而确定因果关系。然而，很多社会研究是在自然条件下、真实情况下进行的，很难对某个自变量进行控制，这使得即便是在两个高度相关的变量之间，也难以确定因果关系。如上述研究中，种族与有毒废弃物设施之间存在相关性，但研究人员无法有目的地将有色人种变成白人，观察有毒废弃物设施的变化，因此，种族与有毒废弃物设施之间是否存在因果关系，是很难确定的。甚至还有一种可能，即种族和有毒废弃物设施存在都是果，它们存在共同的因，例如，便宜的地价或是提供大量蓝领工作并产生大量废弃物的工厂的存在。

另一种确定因果关系的方法是通过逻辑分析。统计学上，要确定 A 与 B 之间的因果关系必须符合三个条件：1. A 和 B 之间是相关的；2. A 和 B 的相关关系并不是由第三类因素引起的；3. A 发生在前，B 发生在后。例如：学生的学习兴趣和学习成绩之间通常具有相关性，但是并不能据此认定学习兴趣与学习成绩之间是因果关系。必须排除这两者之间的相关性是由第三个因素引起的这种可能性。如或许该科教师的讲课魅力同时导致了学生的学习兴趣和学习成绩提高。❶ 因此，必须同时符合上述三个条件，才可以确定两个变量之间的因果关系。

(二) 美国审计署和基督教联合教会的研究及其后续研究中的因果关系分析

美国审计的研究结果是一连串的比例，即联邦环保局所划分的第四

---

❶ 诸彦含. 社会科学研究方法 [M]. 重庆：西南师范大学出版社，2016：191.

区内的四个填埋场所在社区的有色人种比例和贫困率，将这些比例与这些填埋场所在的县、州平均比例相比，可以看出填埋场所在社区的有色人种比例和贫困率都较高。基督教联合教会的研究通过分析有毒废弃物宿主社区和非宿主社区的有色人种比例及社会经济状况，发现宿主社区有色人种比例较高，贫困率较高。2007 年基督教联合教会的后续研究基本沿用同样的方法，只是使用新的方法确定宿主社区，这样确定下来的宿主社区能够更好地与受害人群相匹配。该后续研究证实了 1987 年的研究结果，并发现使用新的方法确定宿主社区后，有毒废弃物设施分布的种族差异性更大了。通过对这些研究的审视可以发现，它们所揭示的是种族与有毒废弃物设施之间的相关性，即一方存在，另一方也存在，甚至一方会随着另一方的增加而增加。但是，这绝不意味着，种族与有毒废弃物设施的存在之间是因果关系。首先这些研究并没有使用实验法确定因果关系，另外，它们所确立的种族与有毒废弃物设施之间的关系只是符合了上述三个条件中的第一个。至于第二个条件，即便是通过将种族和经济状况同时放入回归模型中，通过控制经济状况证明种族与有毒废弃物设施之间的独立的相关性，也并不能证明两者之间的相关性不是由其他第三类因素引起的。至于第三个条件，这几项研究作为横向研究，本身就不关注种族和有毒废弃物，哪个在先，哪个在后。关于这一点，将于下文详论。

　　基督教联合教会的研究由基督教联合教会种族正义委员会发起，隐含的假设就是种族与有毒废弃物设施之间的关系，目的就是要证实两者之间的联系。该研究的主持者本杰明·查韦斯和查尔斯·李都曾是民权运动的斗士。这使得该研究从一开始便被蒙上了一层厚厚的种族面纱。尽管其研究报告用词谨慎，称"种族被发现是所有与有毒废弃物设施存在相关的变量中最重要的"❶，"种族比其他所有因素都更准确地预测了有毒废弃物设

　　❶ United Church of Christ Commission for Racial Justice. Toxic wastes and race: a national report on the racial and socio - economic characteristics of communities with hazardous waste sites [R/OL]. 1987 [2016 - 01 - 22]. http: //d3n8a8pro7vhmx. cloudfront. net/unitedchurchofchrist/legacy _ url/13567/toxwrace87. pdf? 1418439935.

施的存在"❶，甚至明确提醒读者"本研究并非为寻求因果关系而设计"❷，但是在研究报告的结论部分，还是出现了"决定因素"（factor）这样的字眼，"种族是美国商业有毒废弃物设施是否存在的一个决定因素"❸。可见，1987年的《有毒废弃物与种族》揭示了种族和有毒废弃物设施之间的相关性，但是似乎研究者本人也将之误解为因果关系了。

该研究报告提出的建议分五个部分，分别对联邦政府、州政府、市政府、教会等社区组织，其他如企业、学术机构等提出政策及行动建议。这些建议共有25条，其中22条使用了"种族或族裔"这样的字眼，不断强调种族是问题的核心，认为各级政府、社会组织、学术机构等都应以种族为着眼点来审视环境正义问题。❹

二、横向研究与纵向研究

20世纪80年代及90年代初期，有关环境正义问题的主要研究都是横向研究，即只研究当前（研究进行时）有毒废弃物设施周边的人口特征，并将之与无此类设施的社区对比，并不关注该设施选址时的社区人口特征，亦不关注自选址后到当前社区人口特征的变化。关于这一点，有些学者提出了质疑，认为它们只能证明当前的环境风险分布中所存在的种族差异性，而在确定这种差异性的根本原因方面，存在着很大的局限性，而且有可能误导政策制定。

（一）维姬·比恩的市场动力理论

维姬·比恩于1994年在《耶鲁法律期刊》上发表的论文《少数族裔

---

❶ United Church of Christ Commission for Racial Justice. Toxic wastes and race: a national report on the racial and socio – economic characteristics of communities with hazardous waste sites ［R/OL］. 1987 ［2016 – 01 – 22］. http://d3n8a8pro7vhmx. cloudfront. net/unitedchurchofchrist/legacy _ url/13567/toxwrace87. pdf? 1418439935, 13.

❷ Ibid, 11.

❸ Ibid, 23.

❹ Ibid.

社区的危废地：选址歧视还是市场机制》即是此类质疑观点的代表。❶ 论文对影响巨大的美国审计署和基督教联合教会的研究结论持怀疑态度，认为当前有毒废弃物设施所在地较高的有色人种和穷人的比例或许只是市场经济作用的结果。美国的住房市场是一个异常活跃的市场，每年都有 17% 到 20% 的美国家庭搬家（1970 年到 1991 年的数据）。有些家庭搬到了同社区的新家，但许多人会搬到不同的社区，甚至不同的城市。这其中有相当一部分家庭搬家是因为对原来的社区环境质量不满意。而他们的搬家目的地通常会受到两个因素影响：房价和社区环境特点。当然这两个因素是互相影响的，当一个社区被确定为一个危废设施的所在地，则该危废设施势必会对此社区造成负面影响，有经济条件搬离的人会选择离开。另外，该危废设施的存在也会降低该社区的吸引力，从而导致该地区房价下跌，因而吸引更多的低收入人群，结果使整个社区变得更穷。由于美国的少数族裔整体上社会经济地位较低，危废设施所在的社区就比较容易成为有色人种，尤其是黑人聚居的地区。

比恩的主要假设是：无论有毒废弃物设施选址确定时一个社区的人口特征如何，住房市场的流动性或许导致了少数族裔和穷人在有毒废弃物设施宿主社区的聚集。要确认到底是选址过程中的种族歧视，还是选址之后的市场机制，还是两者共同造成了某一个时间点少数族裔和低收入群体在有毒废弃物设施宿主社区不成比例地集中，需要分析选址时的社区人口特征及选址之后社区人口特征的变化。

（二）维姬·比恩的研究

比恩回顾了已有研究后指出，所有的研究都不能确定有色及贫困人群和有毒废弃物，哪个先来。为了解决这个问题，比恩将被称为"环境正义运动之父"的罗伯特·布拉德的研究在两个方面做了扩展：第一，分析了这个研究中的有毒废弃物设施在选址时其周边的社区人口特征；第二，追

---

❶　BEEN V. Locally undesirable land uses in minority neighborhoods: disproportionate siting or market dynamics [J]. Yale Law Journal, 1994, 103 (6): 1383 – 1422.

踪了选址之后社区人口特征的变化。

罗伯特·布拉德对休斯顿市 25 个固体废弃物填埋场及焚化炉与黑人社区关系的研究是环境正义运动早期影响较大的实证研究。该研究后来成为他的《隐形的休斯顿：繁荣与衰败中的黑人经历》及《迪克西的倾倒：种族、阶层和环境质量》这两本著作的主要内容。布拉德的研究发现：1980年时，黑人仅占休斯顿市人口总数的 28%，但是该市 63% 的焚化炉、88%的垃圾填埋场都位于黑人为主的社区。布拉德的结论是：以休斯顿市为代表的美国南部地区，危险废弃物的焚烧、堆置、填埋以及产生污染的企业都不成比例地集中在少数族裔和低收入群体社区。

比恩的扩展研究首先将布拉德的研究对象进行了调整。由于比恩需要对比有毒废弃物设施选址时的当地人口特征和选址后的人口特征变化，因此形成时间太久的填埋场（如有的填埋场和焚化炉建于 1920 年）由于缺乏选址时的人口普查数据而不得不被删去。最后，比恩的扩展研究只包括3 个小型焚化炉和 7 个垃圾填埋场。

此外，比恩的扩展研究所使用的社区单位与原研究有着很大的不同。布拉德在研究中使用的人口特征统计单位是社区（neighborhood），在其研究报告中布拉德并没有明确解释该社区的定义，但从其法庭证词来看（布拉德的研究本身即是以一桩诉讼案件为目的的），社区的界定很大程度上依赖布拉德本人的民族志分析及实地观察。甚至有的社区从人口普查数据来看是白人社区，布拉德却根据自己的民族志分析及实地观察，将其归类于黑人社区。比恩使用人口普查区域（census tract）作为其扩展研究的社区单位，并认为该方法有以下优点：第一，人口普查区域相对稳定，大小均匀（大约 2500 ~ 8000 人，平均 4000 人），因此可以方便地直接进行对比；第二，人口普查区域内的人口特征相对同质，也可以更为方便地对比。相比而言，布拉德所用的社区较小，出于隐私保护的考虑，太小社区的详细人口特征往往不容易获得。另外，一个没有清晰界定标准的社区本身就不适合用在量化研究中；第三，人口普查区域也是其他现有研究中应用最为广泛的社区单位。

（三）维姬·比恩的研究发现

比恩的扩展研究发现，在7个垃圾填埋场中，有4个所在区域选址时的黑人比例低于整个休斯顿市的黑人比例或与其持平，其他3个所在区域在选址时的黑人比例高于休斯顿市黑人比例。3个小型焚化炉中，1个选址时位于几乎全是白人的社区，其余2个所在社区黑人比例远远高于休斯顿市黑人比例。也就是说，所有废弃物设施中的一半，被选在了黑人比例较高的社区。由于当时休斯顿市人口中只有四分之一是黑人，因此废弃物设施中的一半都位于黑人较多社区，这意味着这些设施的选址存在一定程度的种族差异性。

选址之后废弃物设施所在社区的人口特征变化似乎支持了市场动力理论。从1970年到1980年，所有垃圾填埋场所在社区的黑人人口比例都增加了，增加幅度最高达223%，而同期休斯顿市黑人人口比例只增加了7%。截至1980年，7个垃圾填埋场社区中的4个，3个小型焚化炉社区中的2个，其黑人人口比例都超过了休斯顿市的黑人人口比例。从1980年到1990年，这一趋势得以延续，在总计10个废弃物社区中的9个中，黑人人口比例持续上升，而同时期休斯顿市的黑人人口比例基本没有变化。

对这些社区的经济特点分析展示了相似的变化模式。选址时，7个垃圾填埋场中的2个，3个焚化炉中的1个，其所在社区的贫困率高于它们各自所在县的贫困率。但是20年后，1990年的人口普查数据显示，7个垃圾填埋场中的5个，3个焚化炉中的2个，其所在社区的贫困率远远高于它们各自所在县的贫困率。

综上，比恩对布拉德的研究进行扩展研究发现，休斯顿市的垃圾填埋场及小型焚化炉的选址存在一定的种族差异性，且市场动力在选址之后的社区人口特征变化中似乎起到了重要的作用。可以推断，一个社区被选为废物处理设施所在地后，其周围的房产价值下降，继而吸引了更多的黑人和低收入群体，该社区也越发贫穷，黑人比例也越来越高。这一发现有力地驳斥了环境种族主义的论断。"环境恶"不成比例地集中在有色人种及低收入群体社区中，并不全是种族歧视的结果，而是市场和不同人群的经济状况共同作用的结果。并不是单纯的有毒废弃物向有色人种及低收入群体社区聚集，而是有毒废弃物宿主社区以其低廉的地价吸引了经济力量较弱的人群以及更多的有毒废弃物设施和污染企业，这或许在形成"环境恶"在特定群体社区不成比例集中的过程中起到了更为重要的作用。

三、有关研究方法的其他疑问

（一）对有毒废弃物设施的认定

对于美国审计署和基督教联合教会研究的另一个质疑也是有关其研究方法的。要研究有毒废弃物设施与其所在社区的人口特征，必须首先确定有毒废弃物设施和社区的概念。大部分的研究都将研究对象确定为商业性有毒废弃物消毒、储存及处理设施（commercial hazardous waste treatment storage and disposal facilities，TSDFs），简称危废设施。这些设施接受联邦环保局的直接管辖，相关材料及数据也比较容易获得。但是，即便是政府关于危废设施的记录，也有互相冲突，名不符实的现象。例如，比恩发现，危废设施种类繁多，有些对人类健康确实有害，有些却危害不大，如处理曾装过有毒物质的空桶的设施。还有一些设施为流动性设施，其在联邦环保局登记的地址为其公司总部地址，该地址处并无任何有毒废弃物。因此，危废设施的确定本身就是一件极其繁琐的事情，严谨的学者往往需要反复查证、对照检索，甚至电话确认。比恩认为，美国审计署和基督教联合教会的研究对于危废设施的认定都是不太可靠的。❶

（二）对被考察社区的认定

另外，关于人口特征统计的地理单位产生了更大的争议。众多的研究所使用的地理单位主要有邮政编码区域（如美国审计署和基督教联合教会的研究）、人口普查区域（如比恩的研究）、社区（如布拉德的研究）以

---

❶ BEEN V. Analyzing Evidence of Environmental Justice [J]. Journal of Land Use and Environmental Law, 1995, 11 (1): 1-36.

及以"距离法"划定的圆周区域等。按照这些不同的地理区域统计的人口特征有可能会非常不同。例如，人口普查区域出当地政府划定，反映了当地居民眼中不同社区的起止，往往依赖地理或物理界线，如河流、高速公路等。而邮政编码社区由邮政部门划定，与人口普查区域相比，大小不定，人口数量差异也较大。社区（neighborhood）没有明确的界定，且在20～30年的时间里，可能会发生较大的变化。另外，不论一个研究用何种地理区域作为人口特征分析单位，都有一个共同的前提，即有毒废弃物所在社区一定比其他邻近社区受到了更大的负面影响。实际上，在很多情况下，这并不属实。因为，区域与区域之间的划分往往以主要道路或铁路线为界，而有毒废弃物设施为了交通运输方便，常常会建在这些交通要道旁边，也就是社区的边界，如果再考虑到当地的主要风向、地势，一个有毒废弃物设施有可能对一个邻近的社区造成远大于所在社区的负面影响。因此，有毒废弃物设施所在社区如何界定也是一件极其复杂的事情。❶

综上，美国审计署的研究和基督教联合教会的研究及其后续研究被认为是环境正义问题早期研究的经典之作，其研究结果被认为确定了种族是有毒废弃物设施存在的决定因素，甚至是主要决定因素。美国环境利益和环境负担在不同群体之间的不平等分配被定性为环境种族主义。但是，通过对其研究报告的研读、分析以及其研究方法的审视，本书认为至少存在这种可能，即种族不一定是决定有毒废弃物设施存在的主要原因，更不是唯一的原因。更多的原因蕴藏在美国社会政治、经济及社会结构的方方面面。美国政府、学界和受害群体都有可能在一定程度上误读了这些研究的发现，他们将种族与有毒废弃物设施之间的相关性认为是因果关系，其实施的政策和采取的对策之效果往往是有限的。

第三节　美国政府及受害群体的应对策略及效果评析

自从20世纪80年代初的沃伦抗议以来，美国政府对环境正义问题表

❶　BEEN V. Analyzing Evidence of Environmental Justice [J]. Journal of Land Use and Environmental Law, 1995, 11 (1): 4-5.

现出了一定的关注。但实质性的进展发生在上节所述的美国审计署和基督教联合教会种族正义委员会及其他相关研究之后。90 年代初期参议院和众议院都有议员基于这些研究的发现提出有关环境正义的议案，甚至是环境正义法案议案❶。

一、美国政府对环境正义问题的应对策略

（一）联邦环保局等联邦政府机构

美国联邦政府中与环境问题最为相关的部门当属美国环保局（Environmental Protection Agency，EPA）。美国环保局成立于 1970 年尼克松政府执政期间，总部设在哥伦比亚特区华盛顿，并在全国划分出 10 个区域，每个区域内都有常设办公室。联邦环保局主要负责按照相关法律制定具体环境政策及政策的执行，进行环境评估、环境研究及环境培训。联邦环保局还可以将某些监督、许可和执行权力下放到各州及联邦承认的印第安人部落。联邦环保局的执行手段包括罚款、制裁及其他方式。联邦环保局的成立主要是迫于美国现代环保运动的压力，是在白人精英为主的主流环保组织的推动下建立的。联邦环保局下设资源管理办公室、空气与放射性物质办公室、化学安全和污染预防办公室、研发办公室、水务办公室等。从其名称（Environmental Protection Agency，EPA）及组织构成可看出，联邦环保局的主要职能是保护环境，防治污染，对与环境有关的社会正义问题并无太多关注。

在联邦环保局成立之初，环境正义运动还处于萌芽状态，历经 20 年左右的发展，在 20 世纪 90 年代，联邦环保局终于开始正视环境正义问题。1990 年，收到来自密歇根联盟的一封信之后，联邦环保局的行政长官威廉·雷利成立了环境公平工作小组，并召集草根环境正义组织的领导人进行了一系列的研讨。1992 年，联邦环保局成立了环境公平办公室，1994 年，该

❶ BEEN V. Analyzing Evidence of Environmental Justice [J]. Journal of Land Use and Environmental Law, 1995, 11 (1): 1 - 36: 2.

办公室更名为环境正义办公室。1992 年，联邦环保局发布了自己的题为《环境公平：降低所有社区的风险》的研究报告，这是最早的有关环境风险和社会公平问题的政府报告之一。❶ 报告承认某些人群比其他人群承担了更大的环境健康风险，发现在某些疾病和死亡率方面存在着明显的种族差异，少数族裔和低收入群体在特定空气污染物，有毒废弃物、农用杀虫剂中的暴露程度及食用被污染的鱼肉量均高于平均水平。该研究还发现联邦环保局和其他政府部门与少数族裔及低收入群体之间就环境问题的沟通还有极大的改善空间。❷

1993 年，联邦环保局根据《联邦顾问委员会法》成立了由 25 人组成的国家环境正义顾问委员会（National Environmental Justice Advisory Council，NEJAC）。国家环境正义顾问委员会的组成非常多样化，包括草根社区组织、环境组织、非政府组织、国家、地区和部落政府、学者和工业企业。这是美国联邦政府首次将如此多样化的群体代表聚集在一起，共同努力探讨环境正义问题解决之道。

1994 年 2 月，7 个联邦机构，包括有毒物及疾病登记管理局、环境卫生科学研究院、联邦环保局、国家职业安全与卫生研究院、国家卫生研究院、能源部、疾病预防与控制中心在弗吉尼亚的阿灵顿联合举办了国家健康论坛。这次研讨会的组委会人员构成凸显了对环境正义问题主要受害群体的关注，包括草根组织领导，受害社区的居民和联邦机构代表，其目标是要将不同的利益相关群体和受到最大影响的人请到决策桌前。大会所提建议包括：进行有意义的健康研究以支持有色人种与低收入人群；推进疾病和污染预防策略；推进部门间的协调以保证环境正义；进行有效的外联、教育和沟通；设计立法和诉讼弥补方案。❸

---

❶ BULLARD R. The quest for environmental justice: human rights and the politics of pollution [M]. Counterpoint Berkeley: Sierra Club Books, 2005: 3.

❷ BULLARD R, MOHAI P, SAHA R, et al. Toxic wastes and race at twenty: why race still matters after all of these years [J]. Environmental Law, 2008, 38 (371): 381.

❸ BULLARD R, JOHNSON G. Environmental justice: grassroots activism and its impact on public policy decision making [J]. Journal of Social Issues, 2000, 56 (3): 561.

（二） 克林顿的 12898 号行政命令

面对越来越多的公众关注及不断增加的研究证据，克林顿总统于 1994 年 2 月 11 日签署了 12898 号行政命令，该命令全称为《解决少数族裔和低收入社区环境正义问题的联邦行动》。其目标是使联邦政府关注联邦行动对少数族裔和低收入人群所造成的环境及健康影响，最终达成为所有社区提供环境保护的目标。该命令要求所有联邦机构在现有法律框架内，找出并解决少数族裔及低收入群体面临的与其人口不成比例的健康及环境危害问题。12898 号行政命令要求对多种环境风险的统计、评估方法进行改善，如多重、累积性有害接触的评估方法，有关少数族裔所承受风险的数据收集方法，以野生鱼类和野生动物为主食的人所受影响的评估方法，这个群体受到该行政命令的特别关注，因为如果采用常见风险评估范例，这些人就不会受到充分保护；要求所有联邦机构制定贯彻环境正义议题的具体方案，将确保环境正义纳入他们所有的工作和项目实施中，并为此规定了具体的时间表；要求联邦机构为少数族裔和低收入群体提供公共信息及参与政府决策的途径，包括重要文件、通知等应该简洁易懂，可以方便地获取，要有非英语版本，以方便母语不是英语的人群。最后，12898 号行政命令还建立了由联邦机构官员及白宫官员构成的 11 人的跨机构工作小组，并规定了该工作小组的具体工作任务及实施时间表。❶

和 12898 号行政命令一起发布的总统备忘录指明，要利用现有法律达成环境正义目标。"环境和民权法规为纠正少数族裔和低收入群体所遭受的环境风险提供了许多机会。利用这些法规应该是政府管理者阻止将上述群体置于过高的负面环境影响的努力的一部分。"❷ 这里的环境和民权法规分别指被誉为"环境大宪章"的《国家环境政策法案》和《民权法案》

---

❶ CLINTON W. Federal actions to address environmental justice in minority populations and low – income populations [R/OL]. 1994 [2016 – 07 – 03]. https：//www. epa. gov/environmentaljustice/learn – about – environmental – justice.

❷ CLINTON W. Presidential memorandum accompanying Executive Order no. 12898 [R/OL]. 1994 [2016 – 08 – 12]. http：//www. environmentaldefense. org/documents/2824_ExecOrder12898. pdf.

第六条。这两部法案也是环境正义诉讼案件最常援引的法案。12898 号行政命令将焦点聚集在《国家环境政策法案》上，该法为环境的保护，维护和改善制定了政策，目的是要保证所有美国人有一个安全、健康、多产、美丽并在文化上赏心悦目的环境。该法还要求联邦机构就有可能影响人类健康的联邦行动给出具体环境影响测评报告。1997 年，联邦环境质量委员会发布了《环境正义：依据国家环境政策法案的实施指南》，为通过该法案实现环境正义提供详细的指导。总统备忘录还进一步巩固了已实行 35 年的《民权法案》第六条，禁止接受联邦资助的项目有任何基于种族或国家来源的歧视。❶

（三）12898 号行政命令的种族导向

通过对 12898 号行政命令及其备忘录的仔细研读可以看出，政府的政策是以种族为重心的。该命令的目标是使联邦政府关注联邦行动对少数族裔和低收入人群所造成的环境及健康影响，最终达成为所有社区提供环境保护的目标。该命令要求所有联邦机构在现有法律框架内，找出并解决少数族裔及低收入群体面临的与其人口不成比例的健康及环境危害问题。在该行政命令中，虽然"少数族裔"总是和"低收入群体"同时出现，但它具体罗列出了以野生鱼类和野生动物为主食的人，特别强调重要文件、通知等应该简洁易懂，可以方便地获取，要有非英语版本，以方便母语不是英语的人群。在紧随其后的总统备忘录中，克林顿认为"环境和民权法规为纠正少数族裔和低收入群体所遭受的环境风险提供了许多机会。利用这些法规应该是政府管理者阻止将上述群体置于过高的负面环境影响的努力的一部分"❷。这表明，12898 号行政命令试图以种族为导向解决环境正义问题，其对《民权法案》的依赖也更加说明了这一点。可见，政府政策的重心在于消除种族歧视，这表明，政府对基督教联合教会研究结果的理解是有偏差的。种族与有毒废弃物设施的存在之间有相关性，这有可能是因

---

❶ BULLARD R, JOHNSON G. Environmental justice: grassroots activism and its impact on public policy decision making [J]. Journal of Social Issues, 2000, 56 (3): 562.

❷ CLINTON W. Presidential memorandum accompanying Executive Order no. 12898 [R/OL]. 1994 [2016 – 08 – 12]. http://www.environmentaldefense.org/documents/2824_ExecOrder12898.pdf.

果关系，也有可能不是。将种族作为有毒废弃物设施分布的决定因素而制定的政策，其有效性有可能是有限的。而事实上，在基督教联合教会研究结果公布 20 年之后，12898 号行政命令签发 13 年后，美国的环境不正义问题确实并没有得到有效的改善。

二、政府应对策略的整体效果

2007 年，在 1987 年基督教联合教会种族正义委员会发布《有毒废弃物与种族》的研究报告 20 周年之际，知名学者罗伯特·布拉德、保罗·莫海等又受该教会之委托，进行有关有毒废弃物设施分布与种族的后续研究，并发布题为《有毒废弃物与种族 20 周年》的研究报告。该研究报告首先调查了当前（2007 年）美国环境正义问题现状，发现 20 年来，虽然大量的调查、研究、听证、草根活动、联络及运动组织将环境正义运动推向了美国历史舞台的中心，但是，20 年后，社区与社区之间仍然是不平等的。某些社区仍然是各种有毒废弃物的倾倒地，在各种自然或人为的环境灾害之后，有色人种仍然得不到应得的保护。❶

据美国政府问责局（Government Accountability Office）（前美国审计署 General Accounting Office）估计，从纽约到加利福尼亚，有多达 45 万个棕地（brownfield，指被丢弃的、无人管理的废弃物场所），其中大多数位于或邻近低收入的工薪阶层有色人种社区。190 万套廉租房（主要由低收入人群，其中大多数为少数族裔租住）中的 87 万套都位于高污染企业周围一英里范围之内，所谓高污染企业指的是污染排放超过一定数值而被要求向联邦环保局报告污染物排放量的企业。此外，在马萨诸塞州、纽约州、新泽西州、密歇根州和加利福尼亚州，有 1200 所公立学校位于联邦超级基金或州政府认定的被污染地区周围半英里之内，而这些学校在读的学生有 60 万，其中大部分为非洲裔或其他有色人种。68%的非洲裔美国人（白人只有 56%）居住在燃煤发电厂周围 30 英里以内，电厂烟囱排放的烟雾在

---

❶ BULLARD R, MOHAI P, SAHA R, et al. Toxic wastes and race at twenty: why race still matters after all of these years [J]. Environmental Law, 2008, 38 (371): 377.

30 英里范围内会造成最严重的健康伤害。

2005 年，美联社的一项研究分析了来自工业生产的空气污染所造成的健康威胁。根据企业向联邦环保局报告的有毒污染物排放量、污染物的扩散路径、每一种污染物对人类健康的不同影响及污染物扩散途中不同年龄、不同性别人口的数量，该研究计算了全美国每一平方公里的健康风险值。研究发现，在工业污染造成最严重健康危险的社区，非洲裔美国人居住的可能性比白人高 79%，在 19 个州的空气污染为首要健康威胁的社区，黑人居住的可能性是白人的两倍，拉美裔和亚裔美国人同样更有可能呼吸肮脏的空气。同时，美联社的研究还发现，高风险社区的居民通常较贫穷，受教育程度较低，失业率也比全国平均高将近 20%。●

可见，20 年来，环境风险分布与承担中的种族差异并没有显著改善。即便是几项经典研究确定了种族与有毒废弃物分布之间的高度相关性，证实了环境风险分布中的种族差异性，联邦政府也据此采取了相当积极的措施，以总统行政命令的形式规定了联邦政府各部门将环境正义纳入自己工作日程的职责及具体步骤，在 21 世纪，美国的环境正义问题也并没有得到根本的改善，这不可避免地引发了一连串的疑问：种族是否是环境风险分布的最主要的决定因素？在应对环境正义问题的政府政策中，是否应该将消除种族歧视作为主要目标？

三、受害群体的法律诉讼

尽管政府针对环境正义问题采取了一系列的措施，但环境正义运动本质上还是一场自下而上的、草根群众发起的社会运动。少数族裔和低收入群体反对不公平环境侵害的法律诉讼案件在 20 世纪 60 年代就开始出现了，例如，代表农场工人力求禁止危险杀虫剂使用的诉讼和代表贫穷的农村居民反对露天采矿的诉讼，这些诉讼其实已经是在代表弱势群体争取环境正义，只是当时或许诉讼当事人本人也没有意识到这一点。这些诉讼大体上

● BULLARD R, MOHAI P, SAHA R, et al. Toxic wastes and race at twenty: why race still matters after all of these years [J]. Environmental Law, 2008, 38 (371): 379.

是成功的，但是它们都是援引了环境法，而不是民权法。也就是说，被告只是被证明未遵循以环境保护为目的的一些程序而败诉，案件的重心并不是对不同人群的平等保护。环境正义运动初期，其主要领导者多来自民权运动，环境负担在少数族裔社区不成比例地集中多被看作是个种族问题，因此，环境正义诉讼也多以种族歧视的名义发起，最常援引的法律条文则是《民权法案》第六条。

（一）比恩诉西南废弃物管理公司案

1979 年的比恩诉西南废弃物管理公司案（Bean v. Southwestern Waste Management Corp.）被看作利用《民权法案》挑战环境种族主义的第一案。总部设在休斯顿的布朗宁·菲利斯工业公司（Browning Ferris Industries）是当时全美第二大废弃物处理公司，它向休斯顿市申请在该市的黑人占大多数的中产阶级社区诺斯伍德社区建一个卫生填埋场。黑人律师琳达·布拉德代理了比恩诉西南废弃物管理公司一案，状告休斯顿市、德克萨斯州和布朗宁·菲利斯工业公司在填埋场的选址中存在种族歧视。该社区居民大体属于中产阶级，住在单户房子里，不是传统意义上的垃圾倾倒处，除了它 82% 的居民都是黑人这一点以外。因为这个案子，罗伯特·布拉德于 1979 年被琳达·布拉德委托进行了有关休斯顿市所有市政固体废弃物处理设施的空间分布的调查研究。布拉德采用手工翻阅政府记录、实地考察、挡风玻璃调查问卷、非正式访谈等方式完成了调查。休斯顿市本来地势平坦，所以任何一个所谓的"山"都有理由被怀疑为一个老填埋场。研究发现，休斯顿市的废弃物处理设施选址不是随机的，几乎每一个垃圾填埋场所在的社区都有着高于州平均水平的少数族裔比例。一个名叫托里·哈特的受害地区学区的学监作证说，该区曾在 20 世纪 60 年代成功地阻止了一个垃圾填埋场的建设，当时当地居民 90% 是白人。从 20 世纪 70 年代中期到 80 年代中期，该区从一个白人多数地区变为黑人多数地区。❶

1979 年，比恩诉西南废弃物管理公司案作为一起集体诉讼发起，直到

❶ BULLARD R. The quest for environmental justice: human rights and the politics of pollution [M]. Counterpoint Berkeley: Sierra Club Books, 2005: 56–57.

1984 年才开庭，主审法官加布里埃尔·麦克唐纳是德克萨斯州唯一的一位非洲裔女法官。她对德克萨斯州卫生部门批准此填埋场的决定表示遗憾，认为将填埋场建在离一所中学和居住区如此近的位置是不明智的，也是考虑不周的，但是最后她认定原告没能证明该垃圾填埋场建设许可证的签发有任何"种族歧视意图"。该案随后被转到美国地区法院的约翰·辛格尔顿法官手里。最后，辛格尔顿法官以同样的理由判决居民们败诉，垃圾填埋场得以修建。❶

该案是环境正义运动早期诉讼原告们遇到的法律难题的典型代表，即原告被要求证明被告种族歧视的意图。事实上，大部分类似的诉讼都以失败而告终。而最终获得胜诉的环境正义案件往往避开环境负担对不同群体的不平等影响这个关键问题，而通过质疑某废弃物设施获得许可证的程序上的问题而达到阻挠其建设的目的。

（二）凯特尔曼市的焚化炉案

许多联邦及州制定的环境法律，尤其是有关污染设施许可证的法律，都是程序导向的，即设定一系列的程序，许可证申请人在一步一步完成了所有程序后，就可以取得许可证。相当一部分成功的诉讼就是建立在对此程序的质疑基础上的。例如，1988 年，化学废料管理公司（Chemical Waste Management, Inc.）打算在加利福尼亚州金斯县的凯特尔曼市修建一个有毒废物焚化炉，而当时在离市区居民区 3 英里半的地方该公司已经在多年前就开始经营一个阿拉巴马州以西最大规模的有毒废弃物倾倒地。当时，凯特尔曼市总人口 1100 人，以农场工人为主。95% 的人为拉美裔，70% 的人在家只说西班牙语，40% 的人只会说西班牙语。当地居民在调查了化学废料管理公司及周边情况后发现，该公司旗下的有毒废弃物倾倒地在全美国是最大规模的，且全都位于有色人种为主的社区，而凯特尔曼市所在地区的空气质量已经排在全美国倒数第二，仅次于洛杉矶地区。

《加利福尼亚环境质量法案》（California Environmental Quality Act,

---

❶　BULLARD R. The quest for environmental justice: human rights and the politics of pollution [M]. Counterpoint Berkeley: Sierra Club Books, 2005: 58.

CEQA）规定许可证颁发机构必须向相关社区提供书面听证会通知、公开听证机会及三个版本的环境影响测评报告。而金斯县提供给凯特尔曼市居民的所有上述材料都是英文的，且长达1000页的环境影响测评报告中充满了晦涩难懂的专业术语和科技术语，并且在听证会上拒绝提供翻译。金斯县规划委员会向化学废料管理公司颁发了新的有毒物焚化炉的许可证之后，凯特尔曼市居民提起了诉讼，认为金斯县规划委员会未能就重要文件及会议提供必要的翻译，这有效地阻止了许多市民参与政策决策过程。加利福尼亚最高法院支持了这一控诉，凯特尔曼市民胜诉。❶

但是，该案并没有明确的种族歧视的指控，对于随后的大量的基于有毒废弃物在少数族裔社区不成比例集中的事实而发起的诉讼来说，并没有太大的借鉴意义。事实上，利用民权法案，指控被告人有种族歧视行为的诉讼往往都会遭遇失败。

（三）受害群体法律诉讼失败的原因

美国是法治国家，法律诉讼常常是人们解决社会问题的首选。美国最高法院认定，种族歧视意味着基于种族因素的有意的、故意的行为，或者至少在行为中体现出一定的种族考虑。这种解释就要求在种族歧视案件中，原告必须要有明确的指控，必须援引具体的法律条文。同时必须要有一个明确的、有着明显歧视意图的歧视者，仅仅是结果上的、事实上的种族不平等不足以构成种族歧视。环境正义案件的受害者受到主流观点的影响，认为自己遭受的环境不平等的主要原因是其种族性。在环境正义法案缺失的情况下，《民权法案》成为环境正义诉讼最相关的法律工具，但是借此发起的诉讼却往往失败。对此，法院给出的解释是，虽然某个有毒废弃物设施的选址有可能对非洲裔美国人造成与其人口不成比例的负面影响，但是平等保护条款并不强加于决策者任何积极的、保证所有种族所受影响均衡化的责任。该条款仅是禁止政府官员以种族为基础的、有意的歧视。因此，决策者往往可以较容易的证明自己的决策是基于经济效益的、

---

❶ COLE L, FOSTER S. From the ground up：environmental racism and the rise of the environmental justice movement ［M］. New York：New York University Press, 2001：1 – 9.

环境的，甚至是文化的考虑，而法院往往倾向于接受这样的辩护，认为原告发起的种族歧视的指控未得到证实。❶ 环境正义受害群体以种族歧视为名发起的诉讼往往失败，这又引出一连串的疑问：环境风险分布中的不平等是否的确是种族造成的，或者主要是种族造成的？以种族歧视为指控的环境正义诉讼为何难以胜诉？是否种族本来就不是环境风险不平等分布的主要原因，或者说，种族不是唯一的原因。

小 结

本章通过回顾 20 世纪 80 年代环境正义运动史上的两项里程碑式研究及后者的 2007 年后续研究，勾画了美国环境正义问题的主流分析框架。该理论认为：种族是决定有毒废弃物设施存在的最主要的决定因素，与社会经济状况相比，种族更加准确地预测了有毒废弃物设施的存在。虽然也有不同的研究得出不同的结论，但以种族为中心的分析框架一直占据主流地位，这几项研究的结论也被政府及受害群体广泛接受，并运用于各自的应对措施中。但是，通过对这几项研究的深入分析和审视，本书发现这些研究的方法、结论和政府及社会对此类结论的理解之间存在一定程度上的脱节。这些研究揭示的是种族与有毒废弃物设施存在之间的相关性，却被认为是两者之间的因果关系。作为一种横向研究，这些研究并不能确定种族与有毒废弃物设施之间的关系在纵向时间轴上是否有变化，因此不能回答"种族和有毒废弃物，哪个先来"的问题。另外，联邦政府基于此理论所采取的应对策略并没有取得较好的效果，受害群体基于种族歧视发起的法律诉讼也往往遭遇失败，这似乎从另一个侧面证明，美国环境不正义问题的主要决定因素不一定是种族，或者种族之外，还有他因。因此，有必要突破环境种族主义的狭窄分析框架，构建涵盖环境正义问题更加全面、更加根本性影响因素的综合分析理论。

---

❶ COLE L, FOSTER S. From the ground up: environmental racism and the rise of the environmental justice movement [M]. New York: New York University Press, 2001: 63.

第五章 环境正义问题的影响因素分析

美国 20 世纪 80 ~ 90 年代的环境正义运动是一个社会政治运动。造成环境利益和环境负担在不同人群之间不平等分布的诸多原因中，种族只是其中之一，或者说，种族在更多情况下，是一种表象，更为根本的原因是政治经济力量决定的阶层不平等性。另外，美国国内发展的地区不平衡性也使得环境正义问题展现出较大的地区差异。本章将从种族、阶层、地区差异这三个方面尝试分析美国环境正义运动的影响因素。

第一节 环境正义问题的种族因素

美国的环境正义问题突出表现为种族问题，这一点不容置疑。美国社会根深蒂固的种族歧视不仅造成了当前少数族裔整体社会经济地位低下的状况，而且在后民权运动时代仍然以更加微妙的形式决定着美国社会不同种族之间的关系。在对美国环境正义问题的种族分析框架提出质疑的同时，也不能否认种族或许是导致环境正义问题的因素之一。

一、当代美国社会的住房歧视

在美国的特殊历史背景下，黑人在垃圾处理方面的遭遇与其在其他社会领域的遭遇是一致的。种族歧视根植于"白人至上主义"的价值观，持此价值观的人认为某个种族的人先天地优越于其他种族，应该处于支配地位。美国的新教传统也使白人相信自己是"上帝的选民"，美国是上帝给自己的"应许之地"，这片土地上的一切资源，包括物产、人力，都应该被他们所支配。黑人被白人称为"黑色垃圾"（black trash），该词有一语双关的作用，意即黑人本身就是白人需要处理的垃圾。● 美国社会根深蒂固的种族歧视在环境利益和环境负担的分配方面不可避免地起到了一定的作用。

美国内战在制度上结束了奴隶制，民权运动在法律上结束了种族歧视，但法律却很难深入到人们内心，法律很难结束种族歧视的思想。当代美国社会，明显的种族歧视是非法的，也不会被主流舆论所接受，因此，种族歧视常常以更加微妙的形式起作用。例如，美国房地产业、银行业和保险业共同实施的住房歧视在促成不同种族之间的居住隔离方面起到了重要作用，这也为环境利益和环境负担的不平等分配制造了条件。

住房歧视指的是个人或家庭在购买、租赁、出售房屋或为此获取金融服务的过程中，基于种族、阶层、性别、宗教信仰、民族来源等特征而受到的不平等对待。● 这种歧视会导致居住隔离，继而助长贫富差距。

美国历史上曾以法律明令禁止黑人以租赁及购买的方式入住白人社区。20 世纪初期此种法律被废除后，白人房主又以协议的方式集体拒绝将房屋租售给黑人。直到 1968 年的《公平住房法案》出台，联邦政府才真正撼动了住房歧视的历史根基。《公平住房法案》的主要目的在于保护房屋的买主或租户免受歧视，建立一个统一的、不因一个人的背景不同而区别对待的住房市场。该法认定下列行为非法：因一个人属于某一个受保护的群体（少数族裔、贫穷、单亲家庭等弱势群体）而拒绝出售、租赁房产或拒绝商谈相关事宜；在合同中制定基于种族、宗教信仰等的歧视性条款；在房屋租售广告中隐含与种族、宗教、民族来源等有关的倾向性；以威胁、强迫的手段干扰别人享有正常的住房权利。●

《公平住房法案》作为《民权法案》的第八款，似乎极有针对性地保护了美国有色人种在住房市场中的平等利益。但是，美国人口普查却显

● MILLS C. Black trash ［M］//WESTRA L, LAWSON B. Faces of environmental racism: confronting issues of global justice. Lanham: Rowman & Littlefield Publishers, 2001: 232 - 239.

● Wikipedia. Housing Discrimination ［G/OL］. 2015 ［2016 - 08 - 12］. https: //en. wikipedia. org/wiki/Housing_discrimination_ （United_States）.

● Ibid.

示，从 1970 年到 1990 年，即《公平住房法案》实施之后，居住在少数族裔聚集、高贫困率地区的少数族裔人数不降反升。其中黑人从 16% 增加到 24%，拉美裔从 10% 增加到 15%。虽然这并不一定证明住房市场中存在种族歧视，却清楚地反映了"白人逃离"的社会现实。20 世纪 70~80 年代，欧洲裔美国人从城市大批地迁往郊区，最终城市里只居住了四分之一的欧洲裔白人。随后，在美国看似公平的住房市场，房主和地产中介通过种种隐形的手段，如隐藏真实房源、制定不同买主标准等，将少数族裔排斥在特定社区之外。银行和保险公司的种族歧视行为使得少数族裔常常不得不依赖利率较高的次级贷款，并支付高昂的保险费率。美国住房与城市发展部的一项研究发现"非拉美裔白人可以看房的时候，拉美裔和黑人购房者会被告知没有房，或者同等条件下，白人总是能够获得比拉美裔或黑人更多的房源选择，这是少数族裔最经常遭受歧视的方式"。美国住房与城市发展部在 2000 年所作的另外一项研究将相同经济条件及信用记录，但不同种族的人群进行对照，发现虽然与过去相比，针对少数族裔的刁难行为减少了，但仍有 25% 的白人得到了比同等条件下的少数族裔更多的青睐。17% 的黑人和 20% 的拉美裔在购买或租赁住房的过程中受到了歧视，例如，被提供了不全面的信息，更少的或品质更差的房源。此外，已经租到房的少数族裔还可能遭遇来自房主的过于严苛的租赁条款、对于故障设施的维修拖延，或来自邻居的语言上、态度上的威胁、蔑视等冷暴力。❶

　　住房歧视导致集中贫困的过程大致遵循了如下路径：遭受住房歧视的人往往只能住在品质较差的房子和社区里，较差的房子导致较低的房产税，当地的教育便有可能资金不足。接受较差教育的人收入也较低，也只能住在较差的房子里。贫民区越发贫穷，其贫困状态坚不可摧。同时，来自其他社会群体的歧视也会在心理上压迫有色人种及低收入群体，最终他们会主动寻求更加适合自己的社区居住。一些社会科学研究者认为住房歧视还会阻碍受害者拥有自己的住房，继而影响他们集聚财富。他们的子女

---

❶ Wikipedia. Housing Discrimination［G/OL］. 2015［2016 - 08 - 12］. https：//en. wikipedia. org/wiki/Housing_discrimination_（United_States）.

因缺乏稳定的住所而更容易辍学、早育，并由于不能从父母那里继承房产而形成贫困的代际传递。

有毒废弃物要聚集在有色人种社区的一个前提条件是，有色人种必须聚居在一起，同一族裔的人聚居在一起固然与文化、习俗认同有关，但美国社会长久以来的住房歧视使得白人与有色人种隔离居住的事实成为一种必然，而不是一种选择。通过住房歧视，种族歧视以一种隐蔽的方式使得环境利益和环境负担在不同种族之间的不平等分配成为可能。

二、环境立法和执法中的种族歧视

除了住房歧视之外，种族歧视还体现在环境立法和执法方面。有研究表明，美国政府在制定环境法规的过程中未能考虑到某些有色人种特有的情况。如在控制污染、保护人们免受集聚在鱼类身上的有毒物质损害时，政府往往依据大多数白人的食鱼量制定安全标准，那些以捕鱼为生的有色人种由于食用了远远多于白人的鱼肉而受到了远远高于安全标准的健康侵害。再如前文提到的《国家法律期刊》进行的研究发现，与白人社区相比，受污染的有色人种社区需要更长的时间才会得到清理，所获得的赔偿也远远少于受到同等侵害的白人。这是政府在立法和执法层面对少数族裔实施的歧视❶。

但是，种族不能解释所有的问题。美国主流观点倾向于使用种族的分析框架解释环境正义问题，这或许是由两个方面的原因造成的。第一，由于美国历史上由来已久的白人强势，少数族裔，尤其是黑人，一直在社会政治经济领域处于劣势。罗尔斯认为，正义要求所有人平等享有基本自由体系之内的权利，但社会利益也可以以一种不平等的方式分配，如果它符合最小受惠者的利益最大化。美国社会各种族在社会经济地位方面大致分层，种族是美国社会阶级划分的一个简便的方法。通过种族的话语体系，在一定程度上，美国社会也能够缓解贫富分化等阶级差异所引起的社会不

---

❶ 王韬洋. 环境正义的双重维度：分配与承认 [M]. 上海：华东师范大学出版社，2015：156.

满；第二，种族性为人生来所定，并不在个人的掌控之中。罗尔斯认为一个人不应该由于不在自身掌控范围内的原因而失去自由。种族正如人的出身、相貌、天赋及运气，是不能任意选择的，因此，基于种族的不平等是不正义的。因此，美国环境正义运动的研究往往倾向于使用种族政治来分析、解释各种问题，但并未全面探究种族因素背后，为何种族不平等会产生并且固化的深层次原因，也就难以形成真正全面有效的解决环境不正义的机制。

第二节　环境正义问题的阶层因素

美国环境正义运动的主体有着鲜明的阶级性。他们通常是穷人，家庭收入处于社会中线以下，所在的社区贫困率较高。他们通常是工厂工人、农场工人或者是失业人员。他们不太善于运用法律解决自己遭遇的不平等问题，因此也不太信任法律。他们更依赖自己的生活经历、文化传统来理解自己所经历的不平等。环境问题是他们面临的诸多问题中的一个，贫穷、犯罪、失业长期困扰着他们。这样一个社会阶层在美国社会真实存在着，他们整体政治力量的不足和经济地位的低下是他们在环境利益和环境负担的分配中遭受不平等待遇的重要原因。

一、环境正义受害群体的政治力量

（一）联邦层面环境正义立法失败

20 世纪 90 年代初期，环境正义运动经过了 10 多年的发展，随着民主党总统克林顿入主白宫，美国政府开始在联邦层面正视环境正义问题，国会也收到了几个重要的环境正义法案议案。1993 年，众议院议员约翰·刘易斯（John Lewis）和参议员艾尔·戈尔（Al Gore）联合提交了《环境正义法案》议案，该议案意欲向联邦政府提供数据信息以确认受到最严重环境影响的 100 个地区，并禁止在该类地区建设更多的对环境有负面影响的设施。同年，《环境权利平等法案》议案意欲修订《固体废弃物法案》，并禁止在环境重负担地区修建更多的废弃物设施。1993 年的另一个议案意欲修订《超级基金法》，要求有毒物与疾病管理局收集有毒废弃物设施周边社区人口的种族、年龄、性别、收入及受教育水平等信息。1994 年的《禁止废弃物出入口法案》议案则对美国和非经济合作与发展组织成员国家之间的废弃物贸易进行限制。❶

上述所有议案都未能成功立法，这充分说明，环境正义运动的主体政治力量较弱，在国会中缺乏足够的代表。他们更没有相应的资源进行游说，进而影响国会议程。美国是法治国家，各利益群体保护自己权利的最有力的武器便是法律。美国国会由于拥有立法权一直在美国政治中占据重要地位。立法的成功与否最能体现一个利益群体的政治力量。环境正义运动的主体在美国社会中属于弱势群体，其较弱的政治力量决定了环境正义立法不可能是一帆风顺的，因此该阶层遭受过多环境侵害也就无法避免。

由于立法失败，环境正义运动不得不转而依赖克林顿总统发布的 12898 号行政命令。该行政命令虽然被看作环境正义运动史上的重大进展，但行政命令缺乏足够的法律效力，这使其在解决环境正义问题的过程中表现出了很大的局限性。

首先，总统行政命令虽体现了当届政府的整体执政风格，却是由总统单独签发的。联邦各部门的主要负责人也是由总统任命的，所以，联邦政府的工作重点与谁是总统密切相关。美国宪法规定的 4 年一次总统大选给联邦政府的工作连续性带来了很大的挑战。如 20 世纪 70 年代尼克松总统时期被称为美国的"环保 10 年"，美国现代环保运动得到了极大的发展，环保立法也突飞猛进。但随着 20 世纪 80 年代里根上台，美国的环保力量遭到了多方面的削弱。20 世纪 90 年代克林顿时期，环境正义开始进入联邦政府日程，并逐渐占据重要位置。2000 年小布什当选后，环境正义运动又一次遭遇停滞，直到 2008 年奥巴马执政，才出现了诸如《环境正义计划：2014》《2020：环境正义行动计划》这样的极为详尽的路线图式的环

---

❶ BULLARD R. Decision making ［M］ //WESTRA L, LAWSON B. Faces of environmental racism: confronting issues of global justice. Lanham: Rowman & Littlefield Publishers, 2001: 10.

境正义实施方案。可见，立法缺失导致环境正义运动缺乏连续性与稳定性，这或许解释了为什么有学者认为，21世纪以来，美国的环境正义问题并没有得到实质性的改善，美国的少数族裔、低收入群体仍然在不安全、不健康的环境中居住、工作、玩耍、学习。❶

其次，12898号行政命令不是法律，因而没有强制执行力。通常来讲，个人或组织只能基于经国会投票通过，并由总统签署的法律才能向联邦法院提起诉讼。总统行政命令只是用来约束联邦政府各部门（如联邦环保局）的工作行为与职责的，而且任何个人或组织都不能因其违反了总统行政命令而起诉某个联邦政府部门。12898号行政命令中的第6部分第609条对此进行了明确规定："该行政命令只为优化联邦政府行政部门内部的管理，并不赋予任何个人或组织任何利益、责任或对政府任何部门、官员或职员提起诉讼的权利。美国政府、各个机构、所有官员及其他所有职员亦不因遵守或未遵守该行政命令而接受任何形式的司法审查。"❷ 美国的总统行政命令通常都包含类似的语言。因此，争取环境正义的斗争实际上是缺乏有力的法律武器的。环境正义工作者们不得不借用《国家环境政策法案》《民权法案》第6条或者《宪法》第14修正案间接地达成环境公平的目标。

然而，《国家环境政策法案》和《民权法案》都不能有效解决环境利益和环境负担在不同群体间的不平等分配问题。主要原因在于前者的主要目标是保护环境，而不是人，后者要求原告必须证明被告的种族歧视意图。在许多环境不正义案例中，种族并非唯一的决定因素，因此，被告往往能轻易地证明自己的行为是基于其他原因，关于这一点本书第四章已有详论。总的来说，环境正义运动主体的阶层性质决定他们政治力量较弱，这导致他们在联邦层面的立法诉求往往失败，而缺乏法律武器又反过来更

---

❶ BULLARD R, MOHAI P, SAHA R, et al. Toxic wastes and race at twenty: why race still matters after all of these years [J]. Environmental Law, 2008, 38 (371): 380.

❷ CLINTON W. Federal actions to address environmental justice in minority populations and low - income populations [R/OL]. 1994 [2016 - 07 - 03]. https://www.epa.gov/environmentaljustice/learn - about - environmental - justice.

加削弱了该阶层的政治力量。

(二) 环境正义问题的公众参与不足

美国联邦环保局关于"环境正义"的定义分两个部分：公平对待和有效参与。其中有效参与即指：1. 有关有可能对他们的环境或健康造成影响的活动，人们应有机会参与政策的制定；2. 公众的想法应对政府部门的政策制定产生影响；3. 社区所关心的问题应在决策过程中予以关注；4. 决策者应当寻求潜在受影响者的参与并为其参与提供便利。❶ 联邦环保局作为一个政府部门确保政府决策的公众参与应该是其最基本的职责。但是公众参与在实际执行过程中却凸显了不同阶层的不同参与能力。

通常，公众参与决策的过程都非常冗杂，而有关危险废弃物设施选址的决策由于牵涉大量环境科学专业术语而更显复杂。因此，公众参与往往只是局限于富裕的、中产阶级以上的、受教育水平比较高的人群。工厂工人、农场工人的专业能力与时间资源都不利于他们充分参与决策。例如，污染物设施申请和环境评估报告等文件都采取"理性技术"视角，侧重从科学的角度论证某设施对环境可能造成的影响，而忽略其对人的健康，尤其是对人的心理、情绪，以及由此有可能导致的社区整体价值下滑等影响。大多数受害群体不具备进行专业讨论与论证的能力，而他们占优势的经验的、感性的、有关社区文化、历史的论据在主流讨论语境中是不被重视的。他们的意见与论据往往被认为是幼稚的、非理性的、感情用事的。❷

在受影响群体本身不掌握话语权的情况下，其看法与建议不受重视也就不足为奇了。他们在参加有关听证会的遭遇也说明了这一点。例如，政府官员会在听证会上当场下发一份许可证报告的修订版，这样居民们根本没有时间阅读并准备讨论，他们在发言的时候，政府官员往往心不在焉。另外，听证会召开的地点有时会离受影响社区太远，使得居民们必须租赁

---

❶ US Environmental Protection Agency. Environmental justice [R/OL]. 1993 [2016 - 02 - 01]. http.//www. epa. gov/environmentaljustice/.

❷ MAANTAY J. Zoning law, health, and environmental justice: what's the connection? [J]. Journal of Law, Medicine & Ethics, 2002, 30 (4): 572 - 593.

大客车❶。而有的听证会上出现的场景是，某些潜在的受影响社区根本就没有人出现，尽管决策部门已经完成了所有确保公众参与的程序❷。

综上所述，居民的阶层属性决定了他们环境决策公众参与的意愿与能力，而往往受害群体的实际参与程度不足，这种参与不足又进一步削弱了他们的政治影响力，这本质上是环境利益和环境负担不平等分配的阶层因素。

二、环境正义受害群体的社会经济地位

除了政治力量之外，决定阶层属性的另一个因素是社会经济地位。上文论述的影响深远的美国审计署的研究和基督教联合教会的研究在研究种族与环境的关系之外，也都将有毒废弃物宿主社区的社会经济状况作了分析，并发现整体来看，有毒废弃物宿主社区的贫困率较高、家庭收入中线低于平均水平、房产价值中数也处于较低水平。但是，这两项研究都不同程度地弱化了社会经济地位与环境的关系，而一味地强调种族的重要性。实际上，仔细审视有关环境利益和环境负担的分配机制，不难看到，很多情况下是社会经济地位所定义的阶层起到了主要作用。

(一) 成本效益分析理论

里根政府时期是美国环保史上的"环保倒退"时期。为了应对经济滞胀，里根政府采取了削减环保预算、合并环保机构、裁减环保雇员等措施，其背后的理论基础是成本效益分析（cost benefit analysis，CBA）理论❸。该理论认为，环境风险应该放在有可能造成的损失最小的地方，那么不可避免地，在一个 10 万人口的富裕城市和一个 20 万人口的贫民区之间，一定是后者中选。富人区虽然人口稀疏，但如果有毒废弃物设施建在

❶ COLE L, FOSTER S. From the ground up: environmental racism and the rise of the environmental justice movement [M]. New York: New York University Press, 2001: 124.

❷ EWALL M. Legal tools for environmental equity vs. environmental justice [J]. Sustainable development law & policy, 2013, 8 (1): 4 – 13.

❸ 徐再荣. 里根政府的环境政策变革探析 [J]. 学术研究, 2013 (10): 118 – 126.

富人区，其方圆 1 英里内的财产价值损失会比放在贫民区其方圆 1 英里内的财产价值损失要高得多，所以根据成本效益分析理论，一大群贫民应该使他们的财产价值减少以避免富人更大程度上的财产损失。在一个以市场经济为导向的社会，这似乎很有道理。成本效益分析理论把平等的价值给予每一个美元，而不是每一个人。在一个将经济增长作为首要考虑的社会里，政府会不可避免地偏好富人甚于穷人。[1]

当然，成本效益分析理论的合理性应该受到质疑，因为它导致穷人过多地承受了环境风险，这明显违背了分配正义的原则。让一大群贫民遭受财产损失以避免富人更大程度上的财产损失，这是与现代社会所持有的政府应该平等保护所有公民福利的思想相违背的。另外，成本效益分析明显带有功利主义的倾向，认为为了保护一小群富人的利益可以牺牲一大群穷人的利益，只要这样才能够使得总的社会财富的损失达到最小。这也与罗尔斯的"最小受惠者利益最大化"原则相违背。

但是，成本效益分析理论的不正当性并不影响该理论被实际应用于政策制定这一事实。美国政府，尤其是里根时期，在经济发展至上的引导下，取消、延后、减轻了很多环境管制，造成污染物大量增加。遵循相同的逻辑，这些有毒废弃物将不可避免地被堆积在社会经济地位较低的社区。在这里，阶层因素起到了关键作用。

（二）环境敲诈与经济补偿理论

环境不正义不仅表现在有毒废弃物设施分布的种族及阶层差异性上，而且还表现在生产环节，即工厂工人在工作场所遭遇的环境侵害。

美国的工人运动在进步主义时期曾经取得了很大的发展，全国性的工会组织劳联—产联曾在保护工人免受不平等待遇方面起到了重要作用。但是，20 世纪以来，以技术发展为基础的资本主义生产方式与全球化经济发展模式却一步一步地弱化了工会及工人的力量，使得"环境敲诈"，或者"工作敲诈"成为可能。首先，以流水线生产为代表的现代工业生产方式

---

[1]　温茨 P. 现代环境伦理 [M]. 宋玉波，朱丹琼，译. 上海：上海人民出版社，2007：77 - 78.

将生产分割为一个个部分，每一个工人只需要负责其中的一部分，虽然每一个部分都是生产产品不可或缺的，但对于工人来说，他所能控制的生产要素大大减少了，对自己工作环境中所潜伏的危险也越来越缺乏足够的认知。同时由于机器化生产模式的应用，工人越来越成为机器的附庸，其工作经历了一个迅速的去技能化的过程。在这种情况下，雇主可以很容易地找到替代工人，工人在与雇主的利益斗争中就处于一个越来越不利的地位。"二战"之后，大量合成材料、化学制剂和复杂工艺的运用更加弱化了工人对自己的工作环境风险的认识，在防范工作环境风险，主张赔偿等方面处于绝对劣势。20世纪90年代以来，生产过程的进一步自动化和资本的全球化流动所导致的外包业务使得工人时时面临失业的危险，在与资方的谈判中越发处于劣势。在这种情况下，一方面，对环境造成严重污染、进而对工人及周边居民造成严重环境侵害的工厂常常会散发"严厉的环保规范会迫使工厂关门"的论调，以此瓦解工人、工会及环保组织之间的联盟；另一方面，工人权利保障组织的工作成效之一是制定更为严格的、对工人更为有利的工作场所致癌物质的规范，但是这往往会导致工厂在雇用工人的时候，不雇用或试图解雇由于家族病史、与致癌物质已经接触一定时间等原因而罹患癌症风险增加的工人。工人由于担心失业而就工作环境一再妥协，这便构成环境或工作敲诈。事实上，在20世纪90年代，环保主义者和环境正义活动家已经经常在工作中遭遇低收入群体的敌视，抱怨他们导致了工厂关门或者迁往别处。不断减少的付费会员，以及不断加大的来自资方的谈判压力持续腐蚀着劳工与环境组织之间的合作，终于迫使联合汽车工会与美国劳工联合会—产业劳工组织在1997年共同抵制遏制温室气体排放的《京都议定书》。❶

　　环境敲诈是利用工人阶级的弱势地位将环境风险强加于他们的行为，其背后的理论可以被表述为自由市场理论或经济补偿理论。自由市场理论的支持者认为，从事高环境风险工作的人和接受有毒废弃物设施的社区获

❶ RECTOR J. Environmental justice at work: The UAW, the war on cancer, and the right to equal protection from toxic hazards in postwar America [J]. The Journal of American History, September 2014: 500.

得的经济收益如果高于其有可能遭受的损失，那么这些人或社区就会更为愿意接受这样的安排，这就无所谓不正义。自由市场交易被认为能够公平地分配收益与责任。自由市场理论在环境问题中的应用明显是违背正义原则的。因为环境的优劣直接影响人的健康，而人的健康权及生命权当数人的基本自由体系范畴。如果政府任由市场来分配这些基本权利，那么势必导致强者更强，弱者更弱。最终弱者会不可避免地失去自由。

本书第三章论述的印第安人与核污染问题同样适用于环境敲诈的分析框架。哥舒特人以部落主权为依据，自主决定接收高放射性废核燃料，一些学者并不认为这是一个环境正义问题。但是，问题的关键并不是印第安人是否自愿接收核废料，而是他们在什么情况下作出了这个决定。历史上长期的核殖民主义导致了印第安人保留地极其不公正的政治经济生态，他们并没有其他的选择可以发展经济。正如哥舒特人首领所说，接收高放射性废核燃料是他们唯一的生存机会。❶ 所以，接收核废料的决定是印第安人的特定阶层地位决定的。他们以极少的人口承担美国核工业所产生的大量废核燃料，这并不仅仅因为他们是印第安人，还因为他们是穷人。

环境正义受害群体作为一个阶层，其较弱的政治力量和较低的社会经济地位使得政府和企业为有毒废弃物设施的选址发展出了一套"最小抵抗路径"模型。1984年，加利福尼亚废弃物管理委员会委托一家咨询公司洛杉矶赛罗协会进行了一项研究，试图找出可行的废弃物焚化炉选址方法。这项研究的结果是一份题为《废物能源转化企业选址所面临的政治困难》的报告，俗称"赛罗报告"。该报告明确认定此类设施选址应该遵循"最小公众抵抗原则"，承认20世纪70年代以来，在有害设施的选址过程中，政治因素的作用已经超过了工程技术因素。公司和企业应该选择小的农村社区，其居民最好较老，收入较低，受教育程度在高中或高中以下，天主教徒居多，就业于农业、矿业和伐木业等资源抽取型行业。总的来说，该

---

❶ ISHIYAMA N. Environmental justice and American Indian tribal sovereignty: case study of a land-use conflict in skull valley, Utah [J]. Antipode, 2003: 135.

报告建议政府或公司选择较低社会经济地位的社区。❶ 这一标准几乎全面地描述了环境正义受害群体的阶层特征。

第三节　环境正义问题的地区差异因素

美国政治制度下，州享有相当大的自治权。联邦只保留宪法所规定的权力，其他未作规定的权力都被归为州权。美国环保局将美国本土划分为十个区，如上文所述美国审计署于 1983 年进行的研究就是对第四区（东南部八个州）所进行的研究。各区之间政治倾向、经济发展模式、地理特征、产业类型、居民阶层属性等都不尽相同，这就给环保工作和环境正义问题的解决带来了地区差异性挑战。

一、各州环境正义立法推进的差异性

里根政府在经济和环保领域都实行了新联邦主义。1982 年，美国总统经济顾问委员会在提交给总统的经济报告中指出，要逐步依靠州和地方政府行使必要的政府职能。关于环境管制问题，该报告认为管制应该在适当级别的政府中进行。因为经济发展的外部性成本和对其的容忍度在不同地区有所不同，所以管制的幅度和类型也应随之变化。以这种思想为指导，里根政府进行了环保项目权限的转移，并减少了联邦对各州管制活动的监督，取消、放宽或延后了联邦的许多项目标准。❷ 因此，在环境问题上，州起到了越来越重要的作用。在 20 世纪 90 年代后期，有关环境正义问题的许多政策制定行为都是以州为中心的。

环境正义立法虽然在联邦层面遭遇失败，但在州的层面却展现了极大的差异性。早在 1994 年克林顿 12898 号行政命令发布之前，阿肯色州就已经通过了美国第一部《环境公平法案》。该法案将公平分配固体废弃物设施作为目标，并规定在受影响社区做出回应之前，政府部门不得向新废弃

---

❶ COLE L, FOSTER S. From the ground up: environmental racism and the rise of the environmental justice movement [M]. New York: New York University Press, 2001: 71.

❷ 徐再荣. 里根政府的环境政策变革探析 [J]. 学术研究, 2013 (10): 118 – 126.

物设施发放许可证。此外，该法还规定在任何已有废弃物设施周围 12 英里范围之内不得再建高风险固体废弃物设施，除非决策部门能够证明不存在其他合适地点或受影响社区因经济利益而愿意接受该设施。在接下来的 11 年内，又有 17 个州通过了环境正义立法。❶ 但是，这并不意味着环境正义运动在州层面普遍取得了胜利。通过环境正义立法的州总数并未过半。总的来看，20 世纪 90 年代以来，美国东西两岸地区经济重心向金融、服务业转移，环保压力相对较小，环境污染相对较轻，环境正义问题也较缓和。而南部、东南部、中西部由于以制造业、采矿业为主的产业传统，其环保压力仍然较大，环境污染较为严重，环境正义问题也较突出。影响一个州或一个地区环境正义运动的因素是多方面的，例如，工业力量、环保组织力量、环境问题的严重性、利益集团力量对比、州政府的党派性及政府决策机制等。特洛伊·艾博尔（Troy Abel）在综述了有关文献后，提出，影响州环境正义政策制定的因素可以分为三类：第一类是政治性因素，包括利益集团力量对比、政府官员的政党属性及选区的政党性和意识形态；第二类是州的治理能力，包括州立法机构人员的专业技术水平、州行政部门的规模和能力及州的财富水平；第三类是问题的严重程度，这反映了特定环境政策的客观需要。❷

因此，美国环境正义运动因美国各州、各地区的政治经济生态不同而呈现出了很大的差异性。在种族和阶层之外，地区差异也成为导致环境正义问题的一个决定因素。

二、公司福利制度

地方政府的公司福利制度（corporate welfare）指政府对商业公司实施资金补贴、减免税政策或采取其他对公司有利的政策。该词通常隐含着

---

❶　ABEL T, SALAZAR D, ROBERT P. States of environmental justice: redistributive politics across the United States, 1993—2004 [J]. Review of Policy Research, 2015, 32 (2): 200 – 225.

❷　Ibid, 203 – 204.

"置穷人的利益于不顾，而补贴公司"的含义❶。

由于历史的原因，美国南部的黑人比例一直较高。美国内战之后，获得自由的黑人奴隶继续在这片土地上维持着以棉花、蔗糖种植为主的农业经济，直到20世纪以前，美国90%以上的黑人居住在南部各州。两次大战由于白人劳动力的缺乏，部分地导致了南部黑人大批地离开家乡，去往东北部、中西部或者西部，进入工厂、矿场等地务工，直到20世纪70年代，这个潮流才有所逆转。21世纪初的时候，仍有超过一半的黑人居住在南部。南部在政治、经济及环境政策方面的发展均较滞后，被认为是落后地区、美国内部的第三世界，并被默认为全美国的环境牺牲区域，全国的有毒废弃物倾倒地。同时，南部各州以经济发展为导向的、以政府和大公司大企业联盟为特点的地方政策在南部各州成为全国环境重灾区的过程中起到了首要的作用。

提起南部各州的环境问题，最严重的当数路易斯安那州。全国闻名的密西西比河石化带，俗称"癌症带"（Cancer Alley）即位于此。1991年时，沿着密西西比河，从贝顿鲁格到新奥尔良85英里长的地区，分布着135个石油化工厂，生产了全美国五分之一的石化产品。该州的19个炼油厂每年生产170亿加仑的石油。❷ 不可避免地，这些重污染企业对当地环境造成了严重破坏。路易斯安那州成为石化工业聚集地固然有其自然、地理因素，如自然资源丰富、紧邻密西西比河，交通便捷，有多个优良港口，可以方便地进出墨西哥湾等。但当地政府与企业联合的公司福利制度却完全是人为因素，该制度利用了当地占比较高的黑人较低的社会地位和较弱的政治力量，使大公司获取超额利润，而环境后果却主要由当地居民承受。

路易斯安那州的石化企业有着高效、紧密的联盟，它们深知与州议会

❶ Wikipedia. Corporate Welfare [G/OL]. 2015 [2016 - 02 - 23]. https：//en. wikipedia. org/wiki/Corporate_welfare.

❷ WRIGHT B. Living and dying in Louisiana's 'cancer alley' [M] //BULLARD R. The quest for environmental justice：human rights and the politics of pollution. Counterpoint Berkeley：Sierra Club Books, 2005：90.

保持关系对它们来说至关重要。路易斯安那商业与产业协会（The Louisi-
ana Association of Business and Industry）或许是该州最有影响力的游说集
团，该协会巧妙地支持对协会有利的政治候选人，通过挖掘、培训、扶
持，对他们进行全程培养。该协会还善于与其他行业协会联手，共同在路
易斯安那州创造出一个典型的亲工业经济发展模式。20 世纪 70～80 年代，
石化产业曾经为路易斯安那州的经济发展作出了贡献，但是进入 21 世纪
后，该州经济发展却急剧减缓，并在经济多样化发展的尝试中彻底失败。
有学者认为，该州的工业财产免税制度是造成这一现状的根本原因。公
司、企业等通常是要向所在地的教区（相当于县）支付财产税的，但路易
斯安那州的工业财产免税制度却为制造业公司免去了长达 10 年的与建筑、
机器和设备有关的财产税。从该制度 1936 年开始实施到 1988 年，路易斯
安那州共实施了 11000 项减免令，仅在 1988 年到 1998 年间，减免额就高
达 25 亿美元。这样的减税制度实际上是让穷人向公司进行福利补贴。因为
当地政府减少了大笔的财产税收入，就无力承担当地学校、图书馆、公园
及道路的维护费用。路易斯安那州被认为是全美国唯一的以教育补贴公司
的州。曾经有过许多试图废除这种减免税制度的努力，或者将教育税从免
税种类中去除，但是这些努力都失败了。这主要是因为路易斯安那商业与
产业协会强大的游说力量。❶

民权运动早期的主要诉求之一便是为黑人争取平等就业机会，提升他
们的社会经济地位，因此，公司福利制度一度被鼓吹为吸引企业投资的有
力举措。而实际上，越来越多的研究发现，在污染程度低、环境政策严的
州，人们有更为充足的就业机会、更好的社会经济地位，这些州对新的商
业投资也更具有吸引力。虽然州政府和石化企业不断重申自己在当地经济
发展中的重要性，它们实际上为本地居民提供的就业机会却很少。路易斯
安那州的失业率和污染物排放率都在全国最高之列。而且重污染企业所提
供的为数不多的就业机会往往是伴随着巨额的税收减免的，因此，经过测

---

❶ WRIGHT B. Living and dying in Louisiana's 'cancer alley' [M] //BULLARD R. The quest for environmental justice: human rights and the politics of pollution. Counterpoint Berkeley: Sierra Club Books, 2005: 91.

算，正如表5-1所示，路易斯安那州的企业所提供的就业机会是非常昂贵的。❶

表5-1　路易斯安那州的公司福利制度

税收减免最大受益者：工业财产税减免总额排名，1988—1987年

排名	公司	所提供的工作职位	总税收减免额（万美元）
1	艾克森石油公司	305	21300
2	壳牌化学炼油公司	167	14000
3	国际造纸公司	172	10300
4	陶氏化学公司	9	9600
5	联合碳化物公司	140	5300
6	博伊西公司	74	5300
7	佐治亚太平洋公司	200	4600
8	维拉密特工业公司	384	4500
9	宝洁	14	4400
10	西湖石化	150	4300

最昂贵的工作：每一份新工作的净成本排名（税收减免总额除以所提供的工作职位数）

排名	公司	所提供的工作职位	每一份工作的税收成本（万美元）
1	美孚石油公司	1	2910
2	陶氏化学公司	9	1070
3	奥林化学公司	5	630
4	英国石油公司	8	400
5	宝洁	14	310
6	美国墨菲石油公司	10	160
7	星辰公司	9	150
8	赛特技术	13	150
9	孟泰尔公司	31	120
10	二氯萘酯化学公司	22	90

RobertBullard, Glenn Johnson, "Environmental Justice: Grassroots Activism and Its Impact on Public Policy Decision Making", Journal of Social Issues, 56 (3), 2000, 566 – 567.

---

❶ LADD A. Book review of uneasy alchemy: citizens and experts in Louisiana's chemical corridor disputes [J]. Human Ecology, 2004, 32 (5): 649 – 652.

一位前路易斯安那州环境质量部的官员说："你们引进越多的企业，我们就会越穷，这都是因为我们的税收制度。我们把资源贡献给他们，却不收该收的钱。这些资源包括空气资源、水资源和能源。而且我们放任他们造成污染。我们为他们提供高额的补贴，而这些补贴都来自当地居民。当地居民越来越穷，收入差距越来越大。路易斯安那州的贫富差距是美国最大的，已经赶上了墨西哥。"❶ 路易斯安那州的公司福利制度已经演变为地方政府和石化企业获取高额利润，同时将负面环境后果转嫁于当地居民的一场合谋。

小　结

本章在质疑环境正义问题的美国主流分析框架的基础上，分析了除种族以外的环境正义问题的影响因素。环境正义问题受害群体的阶层属性也决定了他们在环境利益和环境负担的分配中处于从属地位。他们政治力量较弱，社会经济地位较低，这使得他们在代议民主制度下无处发声。在以市场经济为导向的美国社会，他们的利益往往被忽略。另外，美国各地区不同的政治经济生态也决定了环境正义问题展现出极大的地区差异性。

---

❶ LADD A. Book review of uneasy alchemy: citizens and experts in Louisiana's chemical corridor disputes [J]. Human Ecology, 2004, 32 (5): 649 - 652.

第六章　总结与展望

一、总结

　　20 世纪 80～90 年代美国的环境正义运动脱胎于 60 年代的民权运动，始于基于孤立事件的社区反毒运动，借鉴了现代环保运动的深生态学理论基础，最后发展为以少数族裔和低收入群体为主体，反对环境恶在不同人群之间的不平等分配，促进不同人群平等享有环境善，继而维护整个生态环境健康的社会运动。在这个过程中，"环境"的概念得到扩展，在主流环保运动关注的山川、河流、野生动物和全球生态系统基础上，增加了社区生活环境，即人们工作、生活、玩耍的地方。广义的"环境"还包括健康食物获取、便捷廉价的交通、自然灾害救助等。环境歧视、环境公平和环境正义的概念也相继出现，经过短时间的互换使用后，其间的区别逐渐显现。环境歧视是一种态度，植根于"白人至上"的种族主义观念，认为特定人种先天地优于其他人种，因而政府在政策制定与执行中有意地进行以种族为基础的歧视。环境歧视深深地隐藏于各种社会制度，由政府、法律、商业和军事部门从制度上实施，具有极大的隐蔽性。环境公平是一种结果，强调环境恶在不同种族及社会经济地位的人群之间公平的分配。在现有的资本主义增长优先、利润导向、市场主导的社会结构中，这样的结果是很难实现的。环境正义兼顾过程和结果，要求政府的环境决策要公开、透明，保证弱势群体的参与，从而达成环境利益和环境负担的分配正义。在此基础上，通过善待自然生态，调整发展模式，减少环境恶的产生，最终达成每个人平等享有健康、有益的生活环境的目标。

　　一般认为，美国环境思想的演变大致经历了三个阶段，两个转变。第一阶段是始于西奥多·罗斯福的资源与荒野保护运动。美国历史上的殖民时期和建国初期是对自然资源粗放利用、人肆浪费的阶段，其导致的后果在进步主义时期便初步显现。一部分有识之士意识到了荒野资源的有限性及审美价值，开始从国家层面进行资源节约、荒野保护的运动。富兰克林·罗斯福在20世纪30年代大萧条时期将荒野保护和发展经济结合在一起，有效地缓解了经济危机，并开创了国家管理环境的先河。"二战"后，现代生物化学技术的飞速发展和现代消费社会的形成共同导致了大量污染物的产生，现代环境危机的爆发促使人们不得不重新审视人与自然的关系。利奥波德的土地伦理为美国现代环保运动奠定了理论基础。该运动认为人与自然万物同处于一个共生环境，是相互平等的。任何破坏生物多样性与生态平衡的行为即是非正义的。现代环保主义致力于保护自然、荒野及野生物种，因为保护它们就是保护人类自身。同时，现代社会大生产产生的大量污染在不同种族及社会阶层之间不平等的分配引起了受害群体的不满，他们提出了环境正义的概念，将美国环境思想的视野从荒野拉向都市、社区，从人与自然的关系拉向人与人之间的关系。环境正义运动与现代环保运动和民权运动最初都有相抵触的地方，但是随着环境和环境正义概念的扩展，这三个运动一步步从冲突走向融合，最终在促进环境问题的公平与正义方面发挥了合力。

由于环境的概念得到了极大的扩展，环境不正义的表现形式也表现出了极大的多样化与复杂性。首先，不同人群在有毒有害废弃物中的暴露程度不同。例如，黑人主要遭受了工业、化学污染的侵害，这包括生产过程产生的噪声、废气及有毒物泄漏风险，还包括生产产生的废弃物堆放和处理。拉美裔移民中，农场工人占有很大的比例，他们遭受的环境侵害主要体现为过多地暴露于杀虫剂、除草剂等化学污染之中。近年来，在美国西南部地区出现的拉美裔逐渐替换黑人的现象使得处于人员构成变化中的社区更加脆弱，从而加大了有毒废弃物设施在此类社区中增加的风险。印第安人主要承受了核武器发展与核能发电所产生的核污染。他们由于长期处于美国社会的边缘，在核工业和核废料处理设施所提供的经济机会面前，他们往往发现自己并无别的选择；其次，环境不正义还表现在环境有益设施的分配不公。一个社区中是否有充足的健康、廉价食品来源，是否有充足的公园、绿地等休闲运动场所，是否为负担不起私人轿车的人群提供了便利的、廉价的公共交通设施，这也可以用来衡量环境正义的原则是否受到了侵害；最后，政府应对自然灾害的方式，对受灾人群的救助以及对于违反国家环境法规的企业的惩罚，都表现出了明显的以种族为基础的歧视。美国环境不正义的表现形式呈现出了极大的复杂性与多样性，这势必对环境不正义问题的解决造成了很大的困难。

由于环境正义问题的受害群体多表现为少数族裔，环境正义运动最初反对的是环境种族主义，相关研究也多从种族入手。20世纪80年代出现了几项影响深远的研究，发现了少数族裔人口的比例与有毒废弃物设施存在及强度之间有着高度相关性。这样的结论被美国政府和学界广泛接受。之后，种族与环境的关系成为美国环境正义研究的主流分析框架。本书在仔细审视了几项代表性研究之后发现，这些研究揭示的仅是种族与有毒废弃物之间的相关性，该相关性并不意味着两者之间存在因果关系，更不能排除影响有毒废弃物设施分布的其他因素。另外，这些研究都是横向性研究，即只研究某个时间点种族与有毒废弃物设施之间的关系，而不关注两者之间的关系是否随纵向时间轴的变化而变化，因此，美国政府和社会在一定程度上片面强调种族与有毒废弃物设施分布之间的关系，将种族因素作为最重要的甚至是唯一根本性原因，而淡化了阶层等其他相关因素。政府基于此分析框架所采取的政策措施的效果非常有限，受害群体在此理论指导下进行的环境正义法律诉讼也往往遭遇失败，这从另一个侧面证明，种族或许并不是决定有毒废弃物设施分布的唯一原因。

在质疑美国环境正义问题主流分析框架的同时，本书尝试提出种族、阶层、地区差异等因素综合起作用的理论分析框架。美国社会根深蒂固的种族歧视是环境正义问题的一个影响因素，这一点无可置疑，但是环境正义问题受害群体政治力量较弱、社会经济地位较低的阶层属性或许是美国环境不正义事实形成的更为根本的原因。里根政府时期盛行于美国的成本效益分析理论和自由市场理论都以经济效益为中心，依赖市场决定资源配置，平等也往往被给予每一个美元，而不是每一个人。在这种资本逻辑主导下，环境正义受害群体显然主要是因为其社会经济地位低下而承受了与其人口不成比例的环境负担。他们较弱的政治力量，特别是对政治议程与立法推动的影响力有限，使得联邦层面的环境正义立法屡屡失败。同时，这些受害群体在环境决策过程中的参与意愿与能力都不足，这反过来又进一步削弱了他们的政治影响力。另外，美国联邦政府将大量环境整治与管理的职能下放到州，而美国各州、各地区之间存在着很大的差异性。各州的党派属性、政府的治理能力、当地的经济发展模式选择、针对企业的政策态度等都会影响到环境正义。因此，在种族、阶层之外，地区差异也是美国环境利益和环境负担分配的决定因素之一。

罗尔斯的正义论为环境正义的概念界定提供了理论框架。罗尔斯认为，每一个人对最广泛的、平等的基本自由体系都拥有平等的权利，而这种最广泛的、平等的基本自由体系同所有人的相似自由体系是相容的；社会和经济的不平等安排应该符合最不利者的利益最大化。罗尔斯的正义论突破了传统的伦理学范畴，将正义问题看作一个社会政治问题，从而使从制度上实现正义成为可能。环境正义要求所有人，不分种族、阶层、性别等，平等享有有益的生活环境，如果任由自由市场机制分配所有利益和负担，而出现了环境善与环境恶在不同群体之间的不合理分配，那么政府应有责任干预，以保护弱者的利益，从而保障所有人的基本自由不受侵犯。本书所论环境正义不是个技术问题，也不是个伦理问题，而是个社会政治问题，因此，罗尔斯的正义论与其最为相关，也是本研究的理论基础。

根据罗尔斯正义论两原则的平等原则，每一个人对最广泛的、平等的基本自由体系都拥有平等的权利，即所有人，不分种族、阶层等，都平等享有基本自由体系内的权利。环境利益和环境负担的分配本身构成了环境权利的内容之一，但美国的相关实践却呈现出很大的不平等性，因此，从20世纪70年代以来，环境正义运动应运而生。环境正义运动本质上是一场社会政治运动，对美国政府相关政策的制定和相关机构的设立与运行产生了影响，如美国联邦环保局的国家环境正义顾问委员会以及各种鼓励各族群参与的决策机制等。这些机制与机构的产生与运行，在形式上试图符合罗尔斯强调的公平的机会平等原则，例如，对所有人开放的公众参与机制等。但是，它们的实际运行效果具有相当的局限性，主要原因在于，上述机制和机构的设计大都基于美国对环境正义运动的主流分析框架——认为族群因素是导致环境不正义的主要甚至唯一影响因素。但是，经过本研究发现，不同族群（包括欧洲裔白人）的中低阶层缺乏参与上述机制的意愿和能力，不同地区对上述机构和机制的政治影响力也存在差异，因此，需要突破美国的主流分析框架、建立起一个包括族群、阶层、地区差异等多重因素的综合分析框架来研究该运动，进而探讨如何建立和完善相关环境正义机制，以适合最不利者的最大利益。

二、展望

美国的环境正义运动兴起于 20 世纪 70 年代末期，发展于 20 世纪 80 年代，兴盛于 20 世纪 90 年代，在经历了小布什时期短暂的挫折后，在奥巴马时期重新获得了生机。但是，随着全球化的发展和美国产业的空心化，环境正义运动在近年来呈现出了一些新的特点，并不断发展出新的研究领域。

第一，全球化在给资本带来巨大收益的同时，却加剧了第三世界国家的环境污染，且环境污染的后果主要由从全球化中获益较少的第三世界国家人民承担。全球化是大资本意志的表现，资本力量借此在全球范围自由流动，以实现成本最低化和收益最大化。随着北美自由贸易协定、世界贸易组织等倡导自由贸易的组织的发展，大量的跨国公司将生产迁出美国，转移到收入较低、环境管制较松的地区和国家。他们给当地带来了高风险的生产技术，掠夺性地开采当地资源，并造成严重环境污染。美国本土的废弃物也以贸易的形式被转移到其他国家。因此，美国并未真正解决环境正义问题，只是将矛盾的核心进行了外部转移。因此，全球化产生和不断加剧国际范围内的环境不正义，而国际环境的无政府状态给环境正义问题的研究带来了新的挑战。

第二，美国解决环境污染问题及由此产生的正义问题的一个方式是通过技术的手段将有毒废弃物封存、隔离，这或许可以在一定时间内，甚至是相当长时间内，避免环境问题恶化。但是，现代人却不得不正视代际正义的问题，接受代际伦理的拷问。

第三，由于资本追逐利润的本质特征，美国的企业为了较松的环境管制、更低的劳动力价格等将制造业大量迁出美国，这在美国国内造成了两方面影响。一方面，广大工薪阶层受到进一步的挤压，面临更大就业压力，在与资方的谈判中处于更加不利的地位，环境正义运动的主体面临新的"面包"还是"环境"的两难选择；另一方面，大量高污染制造业迁出美国，在一定程度上缓解了美国本土的环境压力，促使环境正义运动的焦点发生转移。21世纪以来，环境正义研究的主要学者转向公平的可持续发展，开始探讨环境友好的、兼顾社会正义的社区发展模式。

最后，无论是一个国家内部的环境正义问题，还是垃圾的跨国界倾倒，对其研究的实用性目的应该都是为了找出此类问题的解决方法。从日益失衡的劳资关系、从国家之间的不正义性和不平等性的恶化等入手，分别从政府视角、企业视角和受害群体视角探讨全球化背景下的世界环境正义问题的应对策略也是具有极大现实与理论意义的。

参考文献

中文专著与译著

[1] 利奥波德 A. 沙乡年鉴 [M]. 侯文蕙，译. 吉林：吉林人民出版社，1997.

[2] 温茨 P. 环境正义论 [M]. 朱丹琼，宋玉波，译. 上海：上海人民出版社，2007.

[3] 温茨 P. 现代环境伦理 [M]. 宋玉波，朱丹琼，译. 上海：上海人民出版社，2007.

[4] 卡特 F，戴尔 T. 表土与人类文明 [M]. 庄峻，鱼姗玲，译. 北京：中国环境科学出版社，1987.

[5] 罗尔斯 J. 正义论 [M]. 何怀宏，译. 北京：中国社会科学出版社，2003.

[6] 高国荣. 美国环境史学研究 [M]. 北京：中国社会科学出版社，2014.

[7] 刘海霞. 环境正义视阈下的环境弱势群体研究 [M]. 北京：中国社会科学出版社，2015.

[8] 王韬洋. 环境正义的双重维度：分配与承认 [M]. 上海：华东师范大学出版社，2015.

[9] 徐再荣. 20 世纪美国环保运动与环境政策研究 [M]. 北京：中国社会科学出版社，2013.

[10] 阎学通，孙学峰. 国际关系研究实用方法 [M]. 北京：人民出版社，2001.

[11] 姚大志. 罗尔斯 [M]. 吉林：长春出版社，2011.

[12] 诸彦含. 社会科学研究方法 [M]. 重庆：西南师范大学出版社，2016.

中文论文

[1] 安丰梅，刘晓海. 探析 1980 年以来的美国环境正义组织 [J]. 牡丹江大学学报，2014，23 (10)：134 – 136.

[2] 陈兴发. 中国的环境公正运动 [J]. 学术界，2015，30 (9)：42 – 57.

［3］程世礼. 评罗尔斯的正义论［J］. 华南师范大学学报：社会科学版, 2002 (5)：23 – 26.

［4］高国荣. 激进环保运动在美国的兴起及其影响——以地球优先组织为例［J］. 求是学刊, 2012 (7)：145 – 153.

［5］高国荣. 美国环境正义运动的缘起、发展及其影响［J］. 史学月刊, 2011 (11)：99 – 109.

［6］高国荣. 美国现代环保运动的兴起及其影响［J］. 南京大学学报：哲学·人文科学·社会科学, 2006 (4)：47 – 56.

［7］洪大用. 环境公平：环境问题的社会学视点［J］. 浙江学刊, 2001 (4)：67 – 73.

［8］洪大用, 龚文娟. 环境公平研究的理论与方法述评［J］. 中国人民大学学报, 2008 (6)：70 – 79.

［9］金海. 20 世纪 70 年代尼克松政府的环保政策［J］. 世界历史, 2006 (3)：21 – 30.

［10］晋海. 美国环境正义运动及其对我国环境法学基础理论研究的启示［J］. 河海大学学报：哲学社会科学版, 2008 (9)：24 – 28.

［11］腾海键. 试论 20 世纪 60 – 70 年代的美国环境保护运动［J］. 内蒙古大学学报：人文社会科学版, 2006 (7)：112 – 117.

［12］滕海键. 简论罗斯福"新政"的自然资源保护政策［J］. 历史教学, 2008 (20)：102 – 106.

［13］秦虎, 唐德龙, 苏海韵. 美国环境正义政策演变及实施机制研究［J］. 理论界, 2013 (10)：163 – 167.

［14］王昊. 20 世纪 80 年代美国反环保主义力量及其对环保政策的影响［J］. 兰州学刊, 2007 (12)：168 – 170.

［15］王洁. 美国环境正义运动中草根组织策略探析［J］. 文学界, 2012 (3)：368 – 372.

［16］王俊勇. 美国环境正义运动中的妇女参与［J］. 云南行政学院学报, 2013 (6)：8 – 11.

［17］王向红. 浅析西奥多·罗斯福的自然资源保护政策［J］. 琼州大学学报, 2004 (12)：22 – 24.

［18］王向红. 美国的环境正义运动及其影响［J］. 福建师范大学学报：哲学社会科学版, 2007 (4)：68 – 74.

［19］王小文. 美国环境正义探析［J］. 南京林业大学学报：人文社会科学版, 2007

(6)：23 - 28.

［20］王云霞. 环境正义与环境主义：绿色运动中的冲突与融合 ［J］. 南开学报：哲学
与社会科学版, 2015 （2）：57 - 64.

［21］徐蕾. 二战后美国环境外交发展问题浅析 ［J］. 前沿, 2011 （14）：162 - 165.

［22］徐再荣. 里根政府的环境政策变革探析 ［J］. 学术研究, 2013 （10）：118 - 126.

［23］张纯厚. 环境正义与生态帝国主义：基于美国利益集团政治和全球南北对立的分
析 ［J］. 当代亚太, 2011 （3）：58 - 78.

学位论文

［1］何潇. 温茨的环境正义论研究 ［D］. 西安：长安大学, 2012.

［2］龙娟. 美国环境文学中的环境正义主题研究 ［D］. 长沙：湖南师范大学, 2008.

［3］马晶. 环境正义的法哲学研究 ［D］. 长春：吉林大学, 2005.

［4］王小文. 美国环境正义理论研究 ［D］. 南京：南京林业大学, 2007.

英文专著与编著

［1］ALLEN B L. Uneasy alchemy：citizens and experts in Louisiana's chemical corridor dis-
putes ［M］. Cambridge：The MIT Press, 2003.

［2］BULLARD R. Confronting environmental racism：voices from the grassroots ［M］. Bos-
ton：South End Press, 1993.

［3］BULLARD R. Dumping in Dixie：race, class and environmental quality ［M］. Boulder：
Westview, 1994.

［4］BULLARD R. The quest for environmental justice：human rights and the politics of pollu-
tion ［M］. Counterpoint Berkeley：Sierra Club Books, 2005.

［5］BULLARD R. Growing smarter：achieving livable communities, environmental justice
and regional equity ［M］. Cambridge：the MIT Press, 2007.

［6］BULLARD R, JOHNSON G S, TORRES A O. Environmental health and racial equity in
the United States：building environmentally just, sustainable, and livable communities
［M］. Washington D. C. ：American Public Health Association, 2011.

［7］CARSON R. Silent spring ［M］. London：Penguin Books, 2000.

［8］COLE L, FOSTER S. From the ground up：environmental racism and the rise of the en-
vironmental justice movement ［M］. New York：New York University Press, 2001.

[9] DUFFY J. The sanitarians: a history of American public health [M]. Urbanna: University of Illinois Press, 1990.

[10] FOREMAN C. The promise and peril of environmental justice [M]. Washington, DC: Brookings. , 1998.

[11] GOTTLIEB R. Forcing the spring: the transformation of the American environmental movement [M]. Washington D. C. : Island Press, 2005.

[12] HARGROVE E. Foundations of environmental ethics [M]. Englewood Cliffs: Prentice Hall, 1989.

[13] JACKSON K T. Crabgrass frontier: the suburbanization of the United States [M]. New York: Oxford University Press, 1985.

[14] LANG R. Office sprawl: the evolving geography of business [M]. Washing, DC: Brookings Institution, 2000.

[15] LESTER J, ALLAN D W, HILL K M. Environmental injustice in the United States: myths and realities [M]. Boulder: Westview Press, 2001.

[16] MOHAI P, BRYANT B. Race and the incidence of environmental hazards: a time for discourse [M]. Boulder: Westview Press, 1992.

[17] MUMFORD L. The city in history: its origins, its transformations, and its prospects [M]. New York: Harcourt, Brace, 1961.

[18] OSBORN F. Our plundered planet [M]. Boston: Little, Brown Company, 1948.

[19] PEIRCE N R. Citistates: how urban America can prosper in a competitive world [M]. Washington, DC: Seven Locks Press, 1993.

[20] SAGOFF M. The economy of the earth [M]. New York: Cambridge University Press, 1988.

[21] SANCHEZ T R, MA S J. Moving to equity: addressing inequitable effect of transportation policies on minorities [M]. Cambridge: Harvard Civil Rights Project, 2004.

[22] WEIHER G R. The fractured metropolis: political fragmentation and metropolitan segregation [M]. Albany, State University of New York Press, 1991.

[23] WESTRA L, LAWSON B. Faces of environmental racism: confronting issues of global justice [M] 2nd ed. Lanham Maryland: Rowman & Littlefield Publishers, Inc. 2001.

[24] WHICHER S E. Selections from Ralph Waldo Emerson [M]. Boston: Houghton Mifflin Company, 1957.

英文论文

[1] ABEL T, SALAZAR D, ROBERT P. States of environmental justice: redistributive politics across the United States, 1993 – 2004 [J]. Review of Policy Research, 2015, 32 (2): 200 – 225.

[2] ANDERTON D ANDERSON A OAKES J, et al. Environmental equity: the demographics of dumping [J]. Demography, 1994, 31 (2): 229 – 248.

[3] ANDERTON D OAKES J M EGAN K. Environmental equity in Superfund [J]. Evaluation Review, 1997, 21 (1): 3 – 26.

[4] BEEN V. Locally undesirable land uses in minority neighborhoods: disproportionate siting or market dynamics [J]. Yale Law Journal, 1994, 103 (6): 1383 – 1422.

[5] BEEN V. Analyzing evidence of environmental justice [J]. Journal of Land Use and Environmental Law, 1995, 11 (1): 1 – 36.

[6] BOWEN W, SALLING M, HAYNES K, et al. Toward environmental justice: spatial equity in Ohio and Cleveland [J]. Annals of the Association of American Geographers, 2001, 85 (4): 641 – 663.

[7] BULLARD R, WRIGHT B. Environmentalism and the politics of equity: emerging trends in the black community [J]. Mid – American Review of Sociology, 1987, 12 (2): 21 – 37.

[8] BULLARD R, JOHNSON G. Environmental justice: grassroots activism and its impact on public policy decision making [J]. Journal of Social Issues, 2000, 56 (3): 555 – 578.

[9] BULLARD R. Decision making [M] //WESTRA L, LAWSON B. Faces of environmental racism: confronting issues of global justice. Lanham: Rowman & Littlefield Publishers, 2001: 3 – 23.

[10] BULLARD R, MOHAI P, SAHA R, et al. Toxic wastes and race at twenty: why race still matters after all of these years [J]. Environmental Law, 2008, 38 (371): 371 – 411.

[11] BULLARD R. Smart growth meets environmental justice [M] //BULLARDR. Growing smarter: achieving livable communities, environmental justice, and regional equity. Cambridge, Mass: the MIT Press, 2007: 23 – 49.

[12] CHAMBERS, STEFANIE. Minority empowerment and environmental justice [J]. Urban Affairs Review, 2007, 43 (1): 28 – 54.

[13] COLE L. Empowerment as the key to environmental protection: the need for environmental poverty law [J]. Ecology Law Quarterly, 1992, 19 (619): 619 – 683.

［14］ ENDRES D. From wasteland to waste site: the role of discourse in nuclear power's environmental injustices ［J］. Local Environment, 2009, 14 (10): 917 – 37.

［15］ EWALL M. Legal tools for environmental equity vs. environmental justice ［J］. Sustainable development law & policy, 2013, 8 (1): 4 – 13.

［16］ GARCIA R, FLORES E. Anatomy of the urban parks movement: equal justice, democracy, and livability in Los Angeles ［M］//BULLARD R. The quest for environmental justice: human rights and the politics of pollution. Counterpoint Berkeley: Sierra Club Books, 2005: 145 – 167.

［17］ ISHIYAMA N. Environmental justice and American Indian tribal sovereignty: case study of a land – use conflict in skull valley, Utah ［J］. Antipode, 2003: 120 – 139.

［18］ LADD A. Book review of Uneasy alchemy: citizens and experts in Louisiana's chemical corridor disputes ［J］. Human Ecology, 2004, 32 (5): 649 – 652.

［19］ LAVELLE M, COYLE M. Unequal protection: the racial divide in environmental law ［J］. National Law Journal, 1992, 15 (3): 126 – 137.

［20］ MAANTAY J. Zoning law, health, and environmental justice: what's the connection? ［J］. Journal of Law, Medicine & Ethics, 2002, 30 (4): 572 – 593.

［21］ MILLS C. Black trash ［M］//WESTRA L, LAWSON B. Faces of environmental racism: confronting issues of global justice. Lanham: Rowman & Littlefield Publishers, 2001: 232 – 239.

［22］ MOHAI P, BRYANT B. Environmental racism: reviewing the Evidence ［M］//MOHAI P, BRANT B. Race and the incidence of environmental hazards: A time for discourse. Boulder, CO: Westview Press, 1992: 178 – 190.

［23］ MOHAI P, SAHA R. Reassessing racial and socioeconomic disparities in environmental justice research ［J］. Demography, 2006, 43 (383): 383 – 399.

［24］ MORLAND K, WING S. Food justice and health in communities of color ［M］// BULLARDR. Growing smarter: achieving livable communities, environmental justice, and regional equity. Cambridge, Mass: the MIT Press, 2007: 171 – 188.

［25］ O'NEIL S G. Superfund: evaluating the impact of executive order 12898 ［J］. Environmental Health Perspectives, 2007, 115 (7): 1087 – 1093.

［26］ PASTOR M Jr. , SADD J, MORELLO – FROSCH R. Environmental inequity in metropolitan Los Angeles ［M］//BULLARD R. The Quest for environmental justice: human rights and the politics of pollution. Counterpoint Berkeley: Sierra Club Books, 2005: 108 – 124.

[27] PASTOR M, BULLARD R, BOYCE J, et al. Environment, disaster, and race after Katrina [J]. Race, Poverty and the Environment. 2006, 13 (1): 21 – 26.

[28] PUCHER J, RENNE J. Socioeconomics of urban travel: evidence from the 2001 NHTS [J]. Transportation Quarterly. 2003, 57 (Summer): 49 – 77.

[29] RECTOR J. Environmental justice at work: The UAW, the war on cancer, and the right to equal protection from toxic hazards in postwar America [J]. The Journal of American History, September 2014: 480 – 502.

[30] ROOF K, OLERU N. Public health: Seattle and King County's push for the built environment [J]. Journal of Environmental Health, 2008, 71 (3): 24 – 27.

[31] RUHL S, OSTAR J. Environmental justice [J]. GPSolo, 2016, 33 (3): 42 – 47.

[32] SANDLER R, PEZZULLO P C. Revisiting the environmental justice challenge to environmentalism [M] //SANDLER R, PEZZULLO P C. Environmental justice and environmentalism: the social justice challenge to the environmental movement. Cambridge, Massachusetts: The MIT Press, 2007: 104 – 124.

[33] TAYLOR D E. Blacks and the environment: toward an explanation of the concern and action gap between blacks and whites [J]. Environment and Behavior, 1989, 21 (2): 175 – 205.

[34] VIDA T. Chicano environmental justice struggles in the southwest [M]. BULLARD R. The quest for environmental justice: human rights and the politics of pollution. Counterpoint Berkeley: Sierra Club Books, 2005: 188 – 206.

[35] WHITEHEAD L. The road towards environmental justice from a multifaceted lens [J]. Journal of Environmental Health, 2015, 77 (6): 106 – 108.

[36] WRIGHT B. Living and dying in Louisiana's 'cancer alley' [M] //BULLARD R. The quest for environmental justice: human rights and the politics of pollution. Counterpoint Berkeley: Sierra Club Books, 2005: 87 – 107.

[37] WRIGHT B, BULLARD R. Washed away by hurricane Katrina: rebuilding a 'new' New Orleans [M] //BULLARD R. Growing smarter: achieving livable communities, environmental justice, and regional equity. Cambridge, Mass: the MIT Press, 2007: 189 – 211.

网络资源

[1] BULLARD P, MOHAI P, SAHA R, et al. Toxic wastes and race at 20: 1987 – 2007, grassroots struggles to dismantle environmental racism in the United States [R/OL]. 2007 [2016 – 08 – 15]. http://www. ejnet. org/ej/twart. pdf

[2] CLINTON W. Federal actions to address environmental justice in minority populations and low – income populations [R/OL]. 1994 [2016 – 07 – 03]. https://www. epa. gov/environmentaljustice/learn – about – environmental – justice

[3] CLINTON W. Presidential memorandum accompanying Executive Order no. 12898 [R/OL]. 1994 [2016 – 08 – 12]. http://www. environmentaldefense. org/documents/2824_ExecOrder12898. pdf

[4] Delegates to the First National People of Color Environmental Leadership Summit. Principles for environmental justice [R/OL]. 1991 [2016 – 01 – 20]. http://www. ejnet. org/ej/principles. html

[5] United Church of Christ Commission for Racial Justice. Toxic wastes and race: a national report on the racial and socio – economic characteristics of communities with hazardous waste sites [R/OL]. 1987 [2016 – 01 – 22]. http://d3n8a8pro7vhmx. cloudfront. net/unitedchurchofchrist/legacy_url/13567/toxwrace87. pdf? 1418439935

[6] US Environmental Protection Agency. Environmental justice [R/OL]. 1993 [2016 – 02 – 01]. http.//www. epa. gov/environmentaljustice/

[7] US Environmental Protection Agency. Environmental justice basic information [R/OL]. 1993 [2016 – 02 – 01]. http://www. epa. gov/compliance/ej

[8] The US EPA. EJ 2020 action agenda [R/OL]. 1993 [2016 – 01 – 03]. https://www. epa. gov/environmentaljustice/learn – about – environmental – justice

[9] The US EPA. Plan EJ 2014 [R/OL]. 1993 [2016 – 02 – 01]. https://www. epa. gov/environmentaljustice/learn – about – environmental – justice

[10] The US General Accounting Office. Siting of hazardous waste landfills and their correlation with the racial and socio – economic status of surrounding communities [R/OL]. 1983 [2016 – 01 – 23]. http://archive. gao. gov/d48t13/121648. pdf

[11] Wikipedia. Built Environment [G/OL]. 2015 [2016 – 03 – 24]. https://en. wikipedia. org/wiki/Built_environment

[12] Wikipidia. Church rock uranium mil spill [G/OL]. 2015 [2016 – 04 – 12]. https://

en. wikipedia. org/wiki/Church_Rock_uranium_mill_spill

[13] Wikipedia. Housing discrimination [G/OL]. 2015 [2016 – 08 – 12]. https：//en. wikipedia. org/wiki/Housing_discrimination_（United_States）

[14] Wikipedia. Superfund [G/OL]. 2015 [2016 – 01 – 02]. https：//en. wikipedia. org/wiki/Superfund

[15] Wikipedia. Corporate Welfare [G/OL]. 2015 [2016 – 02 – 23]. https：//en. wikipedia. org/wiki/Corporate_welfare

后　记

　　2014 年至 2017 年，我在中国社会科学院美国研究所做博士论文。回首写作历程，不禁百感交集。首先，我要感谢我的导师黄平老师，他以宽广的学术视野、高深的专业知识、严谨的治学态度及和蔼的言传身教将我引入学术殿堂。黄老师关于论文写作要领的"四个一"原则——一个问题、一种理论、一套资料、一个方法——成为我论文写作的指导精神，使我从一堆杂乱无章的资料中提炼出了自己的理论，理顺了论证逻辑，最终按时完成了论文写作。求学期间，黄老师多年苦心营造的师门群体成为我绝佳的成长环境。借助现代科技、社交媒体，大家突破时空的障碍，从全球各处，从不同岗位，不同视角，对理论问题、现实问题和时事问题畅所欲言，热烈讨论，这些为我的学习提供了不可或缺的多重营养。魏南枝博士、余功德博士和土眉博士在我论文开题和写作阶段提出了宝贵的修改意见，感谢各位同门！

　　求学期间，中国社会科学院美国研究所的老师们以上课、研讨会的形式给了我持续、系统的滋养。感谢倪峰老师、赵梅老师、袁征老师、王荣军老师、姬虹老师，他们分别引领我在美国政治、美国社会、美国外交、美国经济这些分支领域进行深入研究，为我全面了解美国、形成自己的观点起到了重大作用。在他们的督促与指导下完成的课程论文，也为我博士论文的写作做了良好的铺垫。

　　论文成书又是一个蜕变的过程。更多的思考，更多的案例，以及与同事、学生的讨论，都极大地丰富了这本书。我在中央财经大学讲授美国社会与文化的时候，和学生一起阅读了大量的有关美国社会热点问题的资料，包括美国传统价值观、移民问题、枪支问题、种族问题等。这些阅读与思考给了我更宽的视野和更深的领悟，在整理书稿的过程中不时闪现在我的脑海中，使我对美国环境领域的种族问题、阶层问题有了更为精准的把握。

最后，我还要感谢我的工作单位中央财经大学外国语学院的各位领导和同事。在我一边教学一边求学的日子里，他们在课程时间安排方面给了我很大的照顾，使得我能够工作、学习两不误。无论是在论文写作的攻坚阶段，还是在准备出版的过程中，他们都给了我很大的鼓励和支持，这才使得本书的出版成为可能。

我要感谢我的儿子宋浩铭，他刚刚 11 岁，却已经懂得在家里为了保持安静蹑手蹑脚。在我论文写作、整理书稿的过程中，他用自己真实的忧愁分担了我阅读中的迷惑和等待时的焦灼，又用无比阳光的笑脸分享了我完稿的喜悦和轻松！